Start zur Mission SpaceX Crew 2 am 21. April 2021, um 4:49 Uhr US-Ostküstenzeit. Die Doppelbelichtung zeigt links den Aufstieg der Rakete und rechts die Lichtspur der Retrozündung des Boosters 1061.

Einbandgestaltung: schreiberVIS, Joachim Schreiber, Seeheim

Bildnachweis: AEM, Archiv Reichl, ASA, ASI, ASR, Astra, Blue Origin, CNSA, CSA, DLR, ESA, Firefly, INPE, ISA, Isar Aerospace, JAXA, KARI, LSA, NASA, NSSA, NZSA, PAK, Prime, Rocket Factory Augsburg, Rocket Lab, Roskosmos, Scaled Composites, Skyrora, Space Perspective, SpaceX, SSAU, UAESA, USA, Virgin Galactic, Virgin Orbit, Wikipedia Commons, World View, X-Price Foundation

ISBN: 978-3-613-04466-1

Sie finden uns im Internet unter:
www.motorbuch-verlag.de

1. Auflage 2022

Layout, Satz und Prepress: schreiberVIS, Joachim Schreiber, Seeheim
Printed by GPS in Bosnia-Herzegovina

Inhaltsverzeichnis

Vorwort

Liebe Leserin, lieber Leser,

alles begann mit Sputnik 1. Dieser erste künstliche Erdsatellit wurde am 4. Oktober 1957 von Baikonur aus in eine Umlaufbahn gebracht. Die Nachricht des Starts war damals ein immenser Schock für die USA im Speziellen und den Westen allgemein.

Nach Sputnik 1 folgten die 15 aufregendsten Jahre der Raumfahrtgeschichte. Am Tag des Starts von Apollo 11 zur historischen ersten Mondlandung versprach Wernher von Braun den Fernsehzuschauern die erste bemannte Landung auf dem Mars noch für das Jahr 1980. Wenn man sich den rasanten Fortschritt der Raumfahrt damals vor Augen hielt, schien dieses Versprechen außerordentlich realistisch zu sein. Doch es kam anders.

Danach kam bei den Amerikanern der Shuttle. Er war ein technisches Mirakel und ein wirtschaftliches Desaster. Die NASA besaß damit das komplizierteste Fluggerät in der Geschichte der Menschheit. Jede einzelne Mission kostete eine Milliarde Dollar. Der Betrieb des Shuttle war so teuer, dass alle Anläufe für ein sinnvolleres Nachfolge-Fluggerät für mehr als drei Jahrzehnte unterblieben.

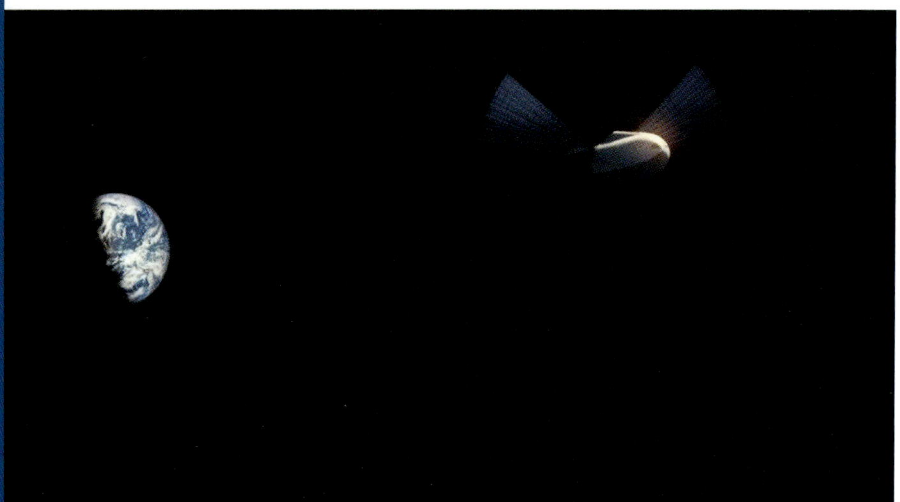

Noch zeigt dieses Bild die Zukunft, aber schon in wenigen Jahren kann es die Wirklichkeit sein: Ein Starship von SpaceX auf dem Weg zum Mars.

Aber es lag auch daran, dass die US-Regierung kein Geld mehr in die institutionelle Raumfahrt investieren wollte. Wozu auch? Der politische Gegner aus dem Osten war besiegt, die Sowjetunion zerfallen. Das Raumfahrt-Tagesgeschäft konnte man mit dem Gerät abwickeln, das man hatte, auch wenn das immens teuer war. Unbestritten war Raumfahrt aus dem täglichen Leben nicht mehr wegzudenken. Wetter- und Kommunikationssatelliten, Erdbeobachtungs- und Navigationssatelliten, hier ein bisschen Technologie, dort ein wenig Forschung. Es begann Routine einzukehren, fast schon Langweile. Nur nichts riskieren war die Devise.

Doch seit einigen Jahren hat das Thema Raumfahrt wieder Fahrt aufgenommen. Diese überraschende Wende kam nicht durch die gewohnten Institutionen wie NASA oder ESA. Sie kam durch wagemutige Unternehmer mit Raumfahrt-Affinität. Es liegt an der neuen Lust auf das Abenteuer Raumfahrt. Es liegt am unverstellten Blick auf die fantastischen Möglichkeiten des Weltraums. Es liegt aber vor allem an einem neuen Denkansatz mit der Bezeichnung „New Space", der „Neuen Raumfahrt".

„New Space" ist in aller Regel private Raumfahrt. Es ist eine Gemengelage von pragmatischen Ansätzen, unkonventionellem Denken, Mut zum Risiko, einer guten Portion Profitstreben und dem Wunsch nach der Erfüllung der Buck-Rogers-Träume aus der Jugendzeit ihrer Protagonisten.

Die erkannten zunächst vor allem Eines: Die Transportfrage stellt das Problem Nummer eins in der Raumfahrt dar. Ohne seine Lösung wird es keine industrielle Revolution im Weltraum geben. Der Teufelskreis, in dem die Raumfahrt über Jahrzehnte gefangen war, sah in etwa so aus: Die Menge an Gütern, die in den Weltraum transportiert werden, ist sehr gering. Was daran liegt, dass die Transportkosten exzessiv hoch sind. Weil aber diese Transportkosten extrem hoch sind, gibt es nur sehr wenige Güter, die in den Weltraum transportiert werden. Diesen Teufelskreis galt es zu durchbrechen.

Alle Global Player der privaten Raumfahrt existierten vor dem Jahr 2000 noch nicht. Es sind durchweg junge Unternehmen, auch wenn sie heute bereits, wie etwa SpaceX, schon weit über 10.000 Menschen beschäftigen. Sie tragen Namen wie Blue Origin, Virgin Galactic, Rocket Lab, Astra oder Firefly. Ihre CEOs sind die Helden der New Space-Szene. Es sind Leute wie Elon Musk, Jeff Bezos, Richard Branson oder Peter Beck. Ihre Follower in den sozialen Medien gehen in die Millionen.

Was unterscheidet ihre Firmen von der klassischen Raumfahrtindustrie? Im Wesentlichen kann man es auf einen Punkt reduzieren: Sie sind bereit, wesentlich größere Risiken einzugehen, als die klassischen „Aerospace-Dinosaurier" wie Lockheed Martin, Boeing oder Airbus. Nur mit der Bereitschaft Risiken einzugehen sind große Entwicklungsschritte bei vergleichsweise moderatem finanziellem Entwicklungsaufwand und in einem überschaubaren Zeitrahmen machbar. Ohne den Mut zum Risiko und die damit verbundene Bereitschaft, gelegentlich zu scheitern und dennoch nicht aufzugeben, gibt es nirgendwo Fortschritt.

In diesem Buch stellen wir eine Reihe von Vorhaben, Ideen und Trends der „Privaten Raumfahrt" vor. Wir werfen einen Blick auf ihre Anfänge, die – Sie werden es schon vermuten – von Fehlschlägen nur so gepflastert waren. Es ist nur eine überschaubare Auswahl. Platz für mehr Themen gibt dieses Buch nicht her, doch ich werde versuchen, die Initiativen zu zeigen, die in den kommenden Jahren den größten Einfluss auf die Zukunft haben dürften.

Die private Raumfahrt hat ihren vollen Betrieb aufgenommen. Dank ihres Einflusses leben wir nun im zweiten goldenen Zeitalter der Weltraumforschung und – erstmals – auch der breiten wirtschaftlichen Weltraumnutzung.

Im Morgennebel über Cape Canaveral startet eine Falcon 9 zu einer Mission für den Aufbau der privaten Starlink-Internetkonstellation.

Gescheitert – OTRAG, Beal, Kistler & Co.

Die Idee einer privaten, nichtstaatlichen Raumfahrt hatte es zunächst sehr schwer, sich durchzusetzen. Wie so oft bei technischen Neuerungen scheiterten auch hier die ersten Pioniere. Manche von ihnen waren ihrer Zeit zu weit voraus, bei anderen waren die politischen Voraussetzungen noch nicht gegeben, den dritten fehlte einfach irgendwann das Geld. Das erste dieser privaten Unternehmen versuchte sein Glück ausgerechnet in Deutschland.

Die OTRAG-Rakete

Die Orbital Transport- und Raketen Aktiengesellschaft (kurz OTRAG) war eine deutsche Firma, die ab den frühen siebziger Jahren an einem alternativen Trägerraketenkonzept arbeitete. Leiter des Unternehmens war der Luft- und Raumfahrtingenieur Lutz Kayser, der bei Eugen Sänger an der Universität Stuttgart Luft- und Raumfahrttechnik studiert hatte.

Die OTRAG-Rakete sollte eine preisgünstige Alternative zu den mit immensen staatlichen Mitteln entwickelten, hochkomplexen Systemen wie der europäischen Ariane-Rakete oder dem Shuttle der USA darstellen. Das Unternehmen bekam eine Anschubfinanzierung von der zunächst noch positiv eingestellten Bundesregierung und wurde später von mehr als 1.100 Stillen Gesellschaftern im damals erlaubten Verfahren eines steuerlichen Abschreibungsmodells finanziert.

Die OTRAG trieb das Konzept der Bündelung einzelner Antriebselemente auf die Spitze. Als Grundbausteine fungierten jeweils drei Meter lange Einzelmodule, die so genannten „Common Rocket Propulsion Units“ (kurz: CRPU), die zu verschieden leistungsfähigen Raketen kombiniert werden konnten. Angefangen von leichten Höhenforschungsraketen bis hin zu schweren Satellitenträgern. Grundidee war es, mit sehr preiswerten, massenproduzierbaren Modulen zu arbeiten. Auch die Treibstoffe sollten billig und vor allem bei Raumtemperatur lagerbar sein. Die Grundelemente wurden so einfach wie möglich gehalten. Es gab keine Turbopumpen. Treibstoff und Oxidator wurden druckgefördert.

Zur Produktion eines Raumfahrtträgers sollten jeweils acht der Grundmodule durch Bajonettverschlüsse gehalten und übereinander montiert werden, so dass sich eine Höhe von 24 Metern ergeben hätte. Von diesen Standard-Elementen wären dann je nach Einsatzzweck eine kleinere oder größere Zahl gebündelt worden, um eine Höhenforschungsrakete oder einen Satellitenträger zu schaffen. Die größte konzipierte Version, mit 1.024 Grundmodulen, wäre theoretisch in der Lage gewesen, eine Nutzlast von bis zu 16 Tonnen in eine niedrige Erdumlaufbahn zu bringen.

Ab 1972 wurden auf einem Teststand in Lampoldshausen die Triebwerke der OTRAG-Rakete getestet.

Testmodell der OTRAG-Rakete.

Ein letzter Startversuch wurde im Jahre 1983 auf der Esrange in Kiruna in Schweden durchgeführt. 1986 wurde das Unternehmen liquidiert. Die Vorgänge, die zum Scheitern der OTRAG führten, sind dubios und bis zum heutigen Tag nicht restlos aufgeklärt.

Lutz Kayser war in der Folge bei einer Reihe von New Space-Unternehmen in den USA als Berater tätig, zuletzt bei Interorbital Space Systems und Armadillo Aerospace. Er starb im November 2017 auf dem Atoll Bikendrik Island, das zu den Marshall-Inseln gehört.

Die Rotary Rocket Roton

Die Rotary Rocket Incorporated war eines der ersten New Space Unternehmen, die im kalifornischen Mojave entstanden, dem späteren Mekka der privaten Raumfahrt. Die Firma versuchte Ende der neunziger Jahre ein völlig neuartiges

Die Piloten bezeichneten das Cockpit des Roton als „Fledermaushöhle“.

Dies blieb allerdings Theorie, denn die Versuchsraketen waren wesentlich kleiner und bestanden nur aus zwei oder vier Modulen von sechs beziehungsweise zwölf Metern Länge. Unter jedem Tank war ein eigenes Triebwerk montiert, das bei einem Durchmesser von 27 Zentimetern eine Länge von einem Meter aufwies. Die Brennkammer wurde nicht aktiv gekühlt, sondern verfügte über eine Schmelzkühlung. Dieses Triebwerk wurde ab 1972 im Testzentrum des DLR in Lampoldshausen bei Heilbronn erprobt.

Insgesamt kam es zu 18 Flugversuchen mit einzelnen oder kombinierten Grundmodulen. Die Starts fanden zunächst in Zaire, später in Libyen statt. Wegen der Aktivitäten in diesen Ländern wuchs bald das Misstrauen der deutschen Politik gegen das Unternehmen. Schließlich begannen auch die Sowjetunion, die USA und Frankreich Druck auf die deutsche Regierung auszuüben. Außerdem war es deutschen und französischen Politikern ein Dorn im Auge, dass die OTRAG-Rakete möglicherweise eine Konkurrenz zum gemeinsam mit Frankreich durchgeführten Ariane-Programm darstellen könnte.

Der dritte und letzte Flug des Roton fand am 12. Oktober 1999 statt.

Trägerfahrzeug zu entwickeln: den Rotary Rocket Roton. Eine Rakete, die in der Lage sein sollte, einstufig und bemannt den Orbit zu erreichen. Gründer des Unternehmens und Ideengeber war Gary Hudson. Er nahm die Entwicklung des Roton in Angriff, weil sich zu diesem Zeitpunkt ein bedeutender Markt für den Transport kleiner Mobilfunksatelliten abzuzeichnen schien.

Gary Hudsons Konzept beinhaltete eine Kombination völlig neuartiger Ideen. Eine davon war ein Rotor an der Spitze des zuckerhutförmigen Vehikels. Dieser Rotor wurde nicht über einen Motor oder eine Turbine angetrieben, sondern durch kleine Raketendüsen an den Blattspitzen. Die ursprüngliche Idee war es, mit diesem Rotor das Vehikel in der ersten Flugphase bis in eine Höhe von einigen tausend Metern zu tragen. Wenn die Luftdichte nicht mehr für den Rotorbetrieb ausreichte, sollte auf Raketenantrieb umgestellt werden. Die Berechnungen zeigten, dass die Leistung der Rakete durch den Einsatz des Rotors nicht wesentlich verbessert wurde, weil ja auch das Gewicht des Rotors selbst in den Orbit mittransportiert werden musste. Der Gewinn dieses Systems lag vielmehr darin, dass man damit eine Landevorrichtung an Bord hatte.

Das zweite revolutionäre Konzept war ein rotierender, so genannter „Annularer Aerospike-Antrieb". Das Triebwerk selbst und die gesamte Basis des Raumfahrzeugs sollten mit einer Geschwindigkeit von 720 Umdrehungen pro Minute rotieren, um den Treibstoff an den Rand der scheibenförmigen Basis zu transportieren, wo sich insgesamt 72 Triebwerke befinden sollten. Die Rotation, zusammen mit der Formgebung der Basis und den ringförmig angeordneten Triebwerken, sollte für zusätzlichen Schub sorgen und es so möglich machen, einstufig den Orbit zu erreichen. Beim Wiedereintritt sollte die Basisplatte gleichzeitig als Hitzeschild dienen.

Scaled Composites baute für Gary Hudson ein voll maßstäbliches Testmodell für die Versuche mit dem Rotorsystem, das am 1. März 1999 ausgeliefert wurde. Den Rotorkopf erstand Hudson gebraucht. Er stammte von einer abgestürzten Sikorsky S-58. Jedes der Rotorblätter wurde von einem Wasserstoffperoxid-Triebwerk mit einer Schubleistung von 1,6 Kilonewton angetrieben. Noch im selben Jahr führten die Testpiloten Marti Sarigul-Klijn und Brian Binnie insgesamt drei Tests mit dem Vehikel durch.

Der Erstflug erfolgte am 28. Juli. Dabei wurden innerhalb von viereinhalb Minuten drei „Hüpfer" durchgeführt, bei denen sich das Gerät 2,5 Meter vom Boden erhob. Der zweite Einsatz am 16. September war ein kontinuierlicher Schwebeflug in sechs Metern Höhe. Der dritte und letzte Flug fand am 12. Oktober statt. Dabei flog das Testvehikel eine Strecke von 1.300 Metern entlang der Start- und Landebahn von Mojave, erreichte eine Flughöhe von 23 Metern und eine Geschwindigkeit von 85 Kilometer pro Stunde.

Weitere Versuche wurden nicht durchgeführt. Der Roton erwies sich als außerordentlich schwer zu fliegen. Von ihrer hoch gelegenen Position konnten die Piloten nur sehr schlecht sehen. Sie bezeichneten das Cockpit daher als „Fledermaushöhle". Der Boden unter dem Vehikel war gar nicht zu erkennen. Der Roton ließ sich kaum zu Richtungsänderungen bewegen und hatte eine starke Tendenz, sich in die Gegenrichtung der Rotation wegzudrehen. Dies musste durch ständigen Gegenschub ausgeglichen werden.

Der Triebwerksprüfstand von Beal Aerospace in McGregor.

Düse mit Brennkammer des BA-2-Zweistufenraketenmotors.

Anfang 2001 musste das Unternehmen in der Folge der IT-Krise, die auch den potentiellen Kunden Iridium erwischte, wegen Geldmangels wieder schließen. Das Roton-Testvehikel ist heute am Mojave Air- und Spaceport ein oft fotografiertes Ausstellungsobjekt. Marti Sarigul-Klijn im Übrigen betitelte seine Memoiren mit „I Survived the Rotary Rocket" (Ich überlebte die Rotary Rocket).

Die Beal Aerospace BA-2

Beal Aerospace wurde im Jahre 1997 von Andrew Beal gegründet, einem Unternehmer, der zuvor im Bankgeschäft recht erfolgreich gewesen war. Als sich Mitte der neunziger Jahre die Aussicht andeutete, dass große Konstellationen von Mobilfunksatelliten mit hunderten von Einheiten produziert und in den Orbit transportiert werden könnten, sah Beal die Chance für einen Einstieg in das Trägerraketengeschäft gekommen.

Beals Ansatz war es, mit seiner „Beal BA-2" die seit den sechziger Jahren immer wieder propagierte Idee des so genannten „Big Dumb Launcher" zu realisieren. Dabei geht es darum, einen extrem einfachen, sehr großen und äußerst kosten-*günstigen Träger auf Basis bestehender Technologie und mit minimaler Startinfrastruktur zu schaffen.

Die Einfachheit sollte auch dadurch erzielt werden, dass es in der über 70 Meter langen und mehr als sechs Meter durchmessenden dreistufigen Rakete genau drei Triebwerke gab. In jeder Stufe eines. Das bedeutete allerdings, dass bei einem Startgewicht von 950 Tonnen der Schub des Erststufentriebwerks erheblich größer sein musste als der des F-1 Motors der Saturn V. Es existierten keine Turbopumpen, der Treibstoff wurde druckgasgefördert (was allerdings schwere Tanks erforderlich machte), die Raketenmotoren waren nicht regenerativ gekühlt sondern ablativ, und die erste Stufe sollte wiederverwendbar sein. Die Rakete sollte 17 Tonnen Nutzlast in eine niedrige Erdumlaufbahn bringen können oder knapp sechs Tonnen auf einen geostationären Transferorbit.

Die Starts plante Beal von der Sombrero-Insel in der Karibik aus durchzuführen. Das ist ein winziges Eiland, 1.600 Meter lang und nur 600 Meter breit. Es liegt 56 Kilometer nordwestlich von Anguilla. Diese Insel pachtete er von der britischen Regierung für 98 Jahre. Hier geriet das Unternehmen in erste Schwierigkeiten, als Umweltaktivisten eine Kampagne gegen das Vorhaben starteten, denn für Beals Zwecke war es notwendig, die Insel komplett umzubauen.

Immerhin erreichte das Unternehmen am 4. März 2000 einen bedeutenden Meilenstein, als ein erster 21 Sekunden langer Testlauf des Zweitstufentriebwerks BA-810 gelang. Es

Grafische Darstellung Kistler K-1.

war damit zu seiner Zeit das größte Triebwerk, das seit dem Apollo-Programm in den USA entwickelt worden war. Und es war das größte weltweit, das jemals mit der Treibstoffkombination Wasserstoffperoxid und Kerosin betrieben wurde.

Die Triebwerkstests erfolgten in der Nähe von McGregor, in Texas. Die Produktion sollte zunächst ebenfalls in Texas erfolgen, und zwar in einem Ort namens Frisco. Nach den ersten Testflügen sollte sie an die Küste verlegt werden, um die Transporte der Raketen zur Sombrero-Insel besser bewerkstelligen zu können.

Zu dieser Zeit ging Beal davon aus, mit den kommerziellen Starts im Jahre 2004 beginnen zu können. Doch es kam anders. Nach dem Kollaps des Marktes für kleine Kommunikationssatelliten und nachdem sich die US-Regierung im Jahr 2000 dafür entschieden hatte, ihre nächste Generation von nicht wiederverwendbaren Trägerraketen bei den großen Aerospace-Giganten Lockheed und Boeing zu bestellen, sah Beal die Grundlage für sein Geschäftsmodell nicht mehr gegeben und gab auf. Das Testgelände im texanischen McGregor kaufte ihm später Elon Musk für SpaceX ab.

Die Kistler K-1

Kistler Aerospace wurde im Jahre 1993 von Walter Kistler und Bob Citron gegründet. Ihre Geschäftsidee war es, ein voll wiederverwendbares, zweistufiges Raumfahrzeug für Orbitaltransporte zu entwickeln. Der Träger, der dafür konzipiert wurde, war die „Kistler K-1".

Die K-1 sollte eine große Bandbreite möglicher Missionen abdecken. Angefangen von der Lieferung von Satelliten in niedrige und mittlere Erdumlaufbahnen, über die Versorgung der Raumstation mit Gütern (und deren Rücktransport zur Erde) bis hin zum „Station Reboost", bei dem die K-1-Oberstufe eingesetzt werden sollte, um den Orbit der Internationalen Raumstation anzuheben.

Die K-1 war als vollständig autonomes Fahrzeug konzipiert. Dadurch wollte man aufwendige Telemetrie-Einrichtungen, Kommunikationsanlagen und Bodeninfrastruktur vermeiden.

Kistler K-1-Triebwerk.

Für ihren Betrieb hatte man zwei Startplätze geplant: Einen in Woomera, Australien, den zweiten in Nevada in der Nähe von Las Vegas.

Die Kombination all dieser Anforderungen machte eine komplexe und schwere Konstruktion erforderlich. So hätten zusätzliche Treibstoffvorräte für die Rückkehr der Erststufe in die Nähe des Startplatzes mitgeführt werden müssen. Die Oberstufe hätte zusätzlichen Treibstoff für das De-orbit-Manöver aus der Umlaufbahn, sowie für das Manövrieren im Orbit selbst benötigt. Dafür gab es das so genannte OMS-System (Orbit Maneuvering System), eine eigene, in die Oberstufe integrierte Antriebseinheit. Auch strukturell musste die K-1 robuster gestaltet werden als herkömmliche Trägerraketen. Und schließlich hätten auch die Airbag- und Fallschirmsysteme in beiden Stufen vieles von der Nutzlastkapazität verschlungen.

Beide Stufen sollten horizontal integriert werden, anders als in allen anderen damaligen amerikanischen Trägersystemen, aber ähnlich, wie es schon immer im russischen Raumfahrtprogramm üblich war. In beiden Stufen sollten russische Triebwerke des Typs Kusnetzow NK-33/34 eingesetzt werden. Sie galten als leistungsfähig und zuverlässig und waren bereits im russischen Mondprogramm verwendet worden. Eine große Anzahl dieser Triebwerke wurden von Kistler beim russischen Hersteller beschafft und von Aerojet modifiziert.

Die Entwicklung wurde mehrfach durch wirtschaftliche Schwierigkeiten des Unternehmens unterbrochen und kam zunächst für viele Jahre nur schleppend voran. Im Februar 2006 kaufte allerdings Rocketplane Ltd. das Unternehmen und beteiligte sich in der Folge an der Ausschreibung der NASA für ein kommerzielles Raumtransportsystem im Rahmen des COTS-Programms (**C**ommercial **O**rbital **T**ransportation **S**ystem). Im August 2006 erhielt das nunmehrige Unternehmen Rocketplane Kistler einen der beiden NASA-Entwicklungsverträge für das Vorhaben (der andere ging an SpaceX). In der Folge konnte die Firma aber die vertraglich vereinbarten Meilensteine zur Finanzierung des Eigenanteils am Vorhaben nicht erfüllen und so kündigte die NASA im Oktober 2007 den Vertrag wieder. Am 15. Juni 2010 meldete das Unternehmen Konkurs an.

Der XCOR Lynx 1 (Mockup) vor dem Shuttle Atlantis.

Der XCOR Lynx

Als sich 1999 die Auflösung der Rotary Rocket Corporation abzeichnete, gründeten einige der Mitarbeiter dieses Unternehmens am gleichen Standort, also im kalifornischen Mojave, ein neues Unternehmen und gaben ihm die Bezeichnung XCOR. Nach dem missglückten Versuch mit dem Orbitalfahrzeug von Rotary Rocket wollten sie um ihren neuen Boss Jeff Greason nun kleinere Brötchen backen und es zunächst mit Komponenten-Entwicklungen und mittel- und langfristig mit suborbitalem Weltraumtourismus versuchen.

So befasste sich das Unternehmen in den ersten Jahren seiner Existenz vorwiegend mit der Entwicklung kleinerer Raketentriebwerke für unterschiedliche Anwendungen. XCOR legte dabei von vorneherein ein besonderes Augenmerk auf einfachen Betrieb, leicht zu handhabende Technik und die Verwendung billiger Treibstoffe. Dies ging zwar zu Lasten der Effizienz dieser Triebwerke, machte sie dafür aber einem Kundenkreis zugänglich, der bislang nicht daran gedacht

Firmengründer Jeff Greason vor einem XCOR-Triebwerk.

hatte, Raketentriebwerke einzusetzen. Unter anderem entwickelte XCOR auch Triebwerke in der Schubklasse zwischen sechs und acht Kilonewton für die damals kurzzeitig existierende US Rocket-Racing League. Schließlich entschloss man sich bei XCOR, selbst ein suborbitales Raumfahrzeug zu entwickeln, den Lynx. Von dem waren drei Ausführungen geplant.

Das Basis- und Ausgangsmodell für weitere Entwicklungen war der Lynx Mark 1. Er sollte in der Lage sein, Höhen von etwa 60 Kilometern zu erreichen. Das Vehikel war als Zweisitzer ausgelegt. Pilot und Passagier wären nebeneinander gesessen und hätten für etwa 90 Sekunden Schwerelosigkeit erlebt.

Richtig in den Weltraum sollte es erst mit den Lynx-Versionen Mark 2 und Mark 3 gehen. Diese Vehikel sollten eine weitgehend ähnliche aerodynamische Form wie der Mark 1 aufweisen aber konstruktiv recht verschieden ausgelegt sein. Ihre Gipfelhöhe sollte bei über 100 Kilometern liegen. Es war vorgesehen, die Version Mark 3 mit einer Zusatzstufe auszurüsten und als Trägerfahrzeug für Mikrosatelliten einzusetzen.

Bis zum Jahre 2012 sah bei XCOR noch alles recht gut aus. Das Unternehmen hatte Optionen für mehr als 280 Passagierflüge zum Preis von jeweils 95.000 Dollar. Es hatte schon internationale Abkommen über den Betrieb mit dem Lynx abgeschlossen. Als Testpiloten und Direktor für die Flugoperationen konnte XCOR den früheren Shuttle-Kommandanten Rick Searfoss gewinnen.

Doch dann geriet das Unternehmen in finanzielle Schieflage. Im Mai 2016 musste XCOR den größten Teil seiner Belegschaft entlassen und meldete im November 2017 Konkurs an.

Excalibur Almaz

Excalibur Almaz wurde im Jahr 2005 gegründet und in Douglas, auf der Isle of Man, in das Handelsregister eingetragen. Der Geschäftszweck waren die Durchführung von bemannten Missionen in den erdnahen Raum einschließlich der Lagrange-Punkte und der Umgebung des Mondes, Flüge für Mikrogravitationsforschung in die Erdumlaufbahn und die Durchführung von Missionen für Weltraumtourismus im Erdorbit.

Das Geschäftsmodell basierte auf der Modifikation vorhandener sowjetischer Hardware. Excalibur Almaz kaufte die Strukturen zweier Almaz-Raumstationen in Russland sowie insgesamt vier TKS VA-Kapseln. Mit diesen Kapseln sollten zu Zeiten des Kalten Krieges die militärischen Almaz-Raumstationen versorgt und mit Besatzungen versehen werden.

Die TKS VA-Kapsel.

Cislunar Excalibur Almaz über dem Mond.

Das TKS VA (für: **T**ransportniy **K**orabl **S**nabzheniya **V**ozvrashchaemiy **A**pparat) war ein bemanntes Raumfahrtsystem der UdSSR, das speziell für militärische Zwecke die Sojus ersetzen sollte. Es handelte sich dabei um eine kegelförmige Start- und Rückkehrkabine, ähnlich wie Apollo, aber etwa 30 Prozent kleiner. In vielen technischen Details war dieser Entwurf bereits in den siebziger Jahren fortschrittlicher als die Sojus. Das TKS VA war bis zu zehnmal wiederverwendbar ausgelegt.

Obwohl das System in der Sowjetunion in einer Reihe von Testflügen ausgiebig erprobt wurde und vollständig einsatzbereit war, kam es nie zu einer bemannten Verwendung. Dabei waren sogar schon Besatzungen trainiert und für Missionen nominiert. Auch das Startrettungssystem war mehrfach getestet worden. Dies sogar unter Ernstfallbedingungen, weil es während der Erprobungsflüge mit der Proton in den siebziger Jahren zu zwei Fehlstarts kam.

Das TKS VA war sowohl für den bemannten als auch für den unbemannten Raumtransport ausgelegt und konnte autonom etwa vier Tage lang agieren. Beim Flug mit einer Besatzung konnten drei Personen mitgenommen werden.

Firmengründer Robert Bigelow.

Die vier von Excalibur Almaz erworbenen Kapseln sollten, so der Plan, jeweils etwa 10 – 15 Missionen durchführen. Dafür hätten sie allerdings erst mit modernen Geräten und Subsystemen ausgerüstet werden müssen. Die beiden Almaz-Stationen sollten zu so genannten „Lunar Cyclern" umgebaut werden. Damit wäre es möglich gewesen, sich in den cislunaren Raum zu begeben. Die Almaz-Stationen sollten dabei mit Trägern wie der japanischen H2B, der Proton M oder der Falcon Heavy in den Orbit gebracht werden. Mit einem separaten Antriebsmodul oder bei ausreichender Leistung der Träger auch mit der Endstufe dieser Trägerraketen (beispielsweise bei der Falcon Heavy) sollte das Modul dann auf die lunare Transfergeschwindigkeit beschleunigt werden.

Excalibur Almaz gab an, etwa 45 Millionen Dollar in das Vorhaben investiert zu haben. Sollte das gestimmt haben, dann war es offensichtlich zu wenig. Das letzte Mal wurde die Hardware im März 2015 im Seehafen der Isle of Man gesichtet. Damals gab man bekannt, dass man die Module in Ausstellungsstücke umwandeln wolle. Seither gab es keine weiteren Hinweise mehr über den Verbleib der Kapseln und der Stationssegmente.

Bigelow Aerospace

Bigelow Aerospace war ein Raumfahrt-Startup, das von Robert Bigelow im Jahre 1998 in Las Vegas gegründet wurde. Finanziert wurde das Vorhaben zum größten Teil von ihm selbst, immerhin war er der vermögende Eigentümer der Hotelkette „Budget Suites of America".

Die Raumstation von Bigelow fiel aus mehreren Gründen aus der Rolle. Zum einen sollte sie erstmals nicht von einer Raumfahrtbehörde in Zusammenarbeit mit einem der Aerospace-Giganten gebaut werden, sondern auf Initiative eines Privatunternehmens entstehen. Zum anderen verfügten Bigelows Stationen über keine festen Metallstrukturen, sondern waren flexibel, bestanden aus Kunststoff und waren aufblasbar. Die Idee dafür stammte aber nicht von Bigelow selbst. Vielmehr ließ die NASA dieses Konzept einst unter der Bezeichnung „TransHab" für viel Geld entwickeln, nur um es dann sofort in der Schublade verschwinden zu lassen. Bis Bi-

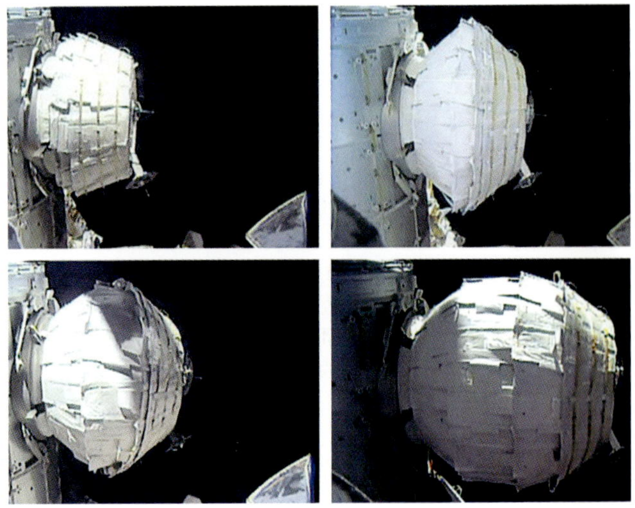

Diese Fotoserie zeigt den Aufblasevorgang des BEAM-Moduls am 28. Mai 2016.

gelow das revolutionäre Konzept entdeckte und das NASA-Patent übernahm. Dazu schloss er mit der Raumfahrtbehörde Ende der neunziger Jahre eine Reihe so genannter „Space Act Agreements“ ab, in denen die NASA Bigelow das Recht zugestand, diese Technologie weiter zu entwickeln und zu vermarkten.

Am 12. Juni 2006 ließ Bigelow mit einer russischen Trägerrakete des Typs Dnepr die experimentelle Raumstation Genesis I in den Orbit bringen. Am 28. Juni 2007 folgte Genesis II. Beide Module waren nicht mit einem Lebenserhaltungssystem ausgerüstet. Geplant war danach die Entwicklung der BA-330, wobei die Zahl für das Raumvolumen in Kubikmetern steht.

Bigelows Stationen bestanden aus mehreren Lagen unterschiedlicher Kunststoffe, angefangen von einer starken Kevlar-Schicht – ein Material, das auch in Schusswesten verwendet wird – bis hin zu Schaumstoffen für Isolierzwecke. Die Außenhaut der Module war etwa 10 Zentimeter dick, erheblich mehr als bei herkömmlichen Metallmodulen. Laut Bigelow ist die Festigkeit seiner flexiblen Hülle besser als die der konventionellen starren Einheiten, wie sie auf der ISS verwendet werden. Eng gepackt unter der Nutzlastverkleidung einer Trägerrakete entfalten sie sich erst im Orbit und bieten dann ein enormes Raumvolumen.

Das BEAM Modul wird seit April 2016 an der Internationalen Raumstation getestet.

Inzwischen war auch die NASA wieder auf ihr ursprünglich eigenes Produkt aufmerksam geworden und schloss im Dezember 2012 mit Bigelow einen Vertrag über die Lieferung eines kleineren Moduls mit der Bezeichnung BEAM ab. Der Begriff ist die Abkürzung für „Bigelow Expandable Activity Module“. Der Vertrag umfasste eine Summe von 17,8 Millionen Dollar. Am 8. April 2016 erreichte die Einheit an Bord eines Cargo Dragon die ISS und ist seither an der Station angedockt.

Das Modul sollte dort zwei Jahre lang getestet und auf seine strukturelle Integrität untersucht werden. Gemessen wurden auch die Leckage-Raten, Temperaturwechsel, Strahlungswerte und ähnliches. Danach sollte BEAM eigentlich abgekoppelt werden und in der Erdatmosphäre verglühen. Es funktioniert aber so gut, dass die NASA beschloss, das Modul bis zum Lebensende der ISS dort zu belassen und als Stauraum zu verwenden.

Im März 2020 entließ Bigelow alle Angestellten und legte das Unternehmen still. Vorläufig, wie er sagt. Alle Rechte an den bislang erzielten Ergebnissen gingen aufgrund der Patentsituation wieder an die NASA über.

Mike Melville und Brian Binnie

Der Preis wurde am 47. Jahrestag des Starts von Sputnik 1 gewonnen. Entworfen wurde das kleine Raumfahrzeug von Burt Rutan und seiner Firma Scaled Composites. Finanziert wurde es vom Microsoft-Mitgründer Paul Allen. Der Name des Vehikels lautete SpaceShipOne. Zusammengeschrieben. Das Preisgeld betrug zehn Millionen Dollar, und das dürfte die tatsächlichen Kosten gerade einmal zu etwa 30 Prozent gedeckt haben.

Es geht um den Ansari X-Price, einen Wettbewerb, in dem die X-Prize-Foundation demjenigen zehn Millionen Dollar bot, dem es innerhalb eines Zeitraums von zwei Wochen gelang, mit demselben Raumfahrzeug zweimal den Weltraum zu erreichen. Der „Weltraum“ war für diesen Wettbewerb nach den FAI-Regularien definiert, also den Bestimmungen der Fédération Aéronautique Internationale. Für diese Institution beginnt er in einer Höhe von 100 Kilometern.

Die Kombination aus Trägerflugzeug und Raketenflugzeug wirkt schon rein optisch sehr eigenwillig.

Start der Kombination WK1/SS1 über die Windkraftanlagen von Mojave.

Der X-Price war im Mai 1996 ins Leben gerufen worden. Acht Jahre später wurde er in „Ansari X-Prize“ umbenannt, nachdem die beiden Unternehmer Anousheh und Amir Ansari dem Wettbewerb eine Multimillionen-Geldspritze verpasst hatten. 26 Teams aus der ganzen Welt nahmen daran teil. Keines schaffte es auch nur annähernd bis zum Erreichen der Flugbereitschaft. Die einzige Ausnahme war ein Projekt, das damals den Titel „Tier One“ führte.

Ausgangspunkt des Geschehens war der Mojave Air & Spaceport, damals wie heute eine der Keimzellen für die Weltraumreisen der Zukunft. Auf den ersten Blick ist er unverändert eine eher unordentliche Ansammlung von kilometerlangen Runways (die Längste ist fast 4.000 Meter lang) und einer Mischung aus älteren Wellblech-Hangars und modernen Fertigungsgebäuden. Die trockene Luft, der harte Boden und der viele Platz in Mojave sind der Grund dafür, dass viele Fluggesellschaften in Zeiten sinkender Flugtätigkeit wie der Corona-Pandemie ihre überzähligen Flugzeuge hier vorübergehend in der Wüste einmotten. Das Abstellen einer Boeing 747 kostet pro Monat etwa 500 Dollar.

Regulären Passagierverkehr gibt es hier nicht. Die Zahl der Flugbewegungen ist sehr übersichtlich. Es sind um die 17.000 pro Jahr (zum Vergleich: Der Münchner Franz Josef Strauß-Flughafen hatte 2019, also im letzten vor-pandemischen Jahr, über 400.000 Flugbewegungen). Das macht den Mojave Air- & Spaceport bei vielen Nutzern hoch beliebt. Da können Prototypen wie die gigantische Stratolaunch „Roc“ auch mal stundenlange Rollversuche unternehmen, ohne andere Flugverkehrsteilnehmer groß zu stören.

Etwa 60 Unternehmen der New-Space Szene haben sich hier angesiedelt, darunter Masten Space Systems, Stratolaunch, Interorbital und die Spaceship Company. Am bekanntesten ist aber sicher Scaled Composites, die Firma der Gebrüder Burt und Dick Rutan, den Erbauern von SpaceShip-* One, ein Unternehmen, das heute zu Northrop Grumman gehört.

Scaled Composites war es denn auch, die für den X-Prize das suborbitale Raumfahrzeug SpaceShipOne (SS1) und das dazugehörige Trägerflugzeug WhiteKnightOne (WK1) bauten. WK1 war notwendig, weil die SS1 für den Luftstart vorgesehen war, um die Dimensionen des Fluggerätes gering zu halten.

Über den eigenartigen Namen des Trägerflugzeugs wurden unterschiedliche Geschichten kolportiert. Tatsächlich werden mit dieser Bezeichnung aber die beiden Rekordhalter aus dem X-15-Programm adressiert: Robert White, der den Höhenrekord mit der X-15 innehatte, bis ihn Brian Binnie mit SS1 übertraf und Pete Knight, der den Geschwindigkeitsweltrekord für Flüge innerhalb der Atmosphäre hielt (und bis auf den heutigen Tag immer noch hält).

Der Erstflug von SS1, es war ein antriebsloser Gleitflug, erfolgte am 7. Oktober 2003. Der erste Einsatz des Raketentriebwerks fand am 17. Dezember 2003 statt. Bei diesem Flug überschritt Pilot Brian Binnie bereits die Schallgeschwindigkeit. Damit war SS1 das erste überschallschnelle Fluggerät weltweit, das privat und ohne öffentliche Mittel entwickelt worden war. Bei der Landung kam es zu einem Zwischenfall, als das linke Hauptfahrwerk wegbrach und das Fluggerät von der Piste abkam. Die Schäden waren allerdings gering, und die Flüge konnten bald darauf fortgeführt werden.

Am 8. April 2004 erteilte die Federal Aviation Administration (FAA) eine für ein Jahr gültige Zulassung für das Fluggerät. Dafür musste die Behörde extra eine neue Kategorie schaffen. SS1 wurde darin als „nicht eigenstartfähiges Segelflugzeug mit Hilfsantrieb" zugelassen.

SS1 setzte ein Hybridtriebwerk ein, das eine Feststoffkomponente (Hydroxyl-terminiertes Polybutadien) als Brennstoff und eine Flüssiggas-Komponente (Distickstoffmonoxid, also Lachgas) als Oxidator verwendete. Diese beiden Bestandteile wurden in der Brennkammer bei einem Druck von 37 Atmosphären verbrannt und durch eine Düse mit einem Expansionsverhältnis von 25:1 ausgestoßen.

Insgesamt führte SS1 17 Einsätze durch. Bei dreien dieser Flüge, so genannten „Captive Carry-Missionen", wurde das Vehikel nicht ausgeklinkt. Beim allerersten Captive-Carry Flug war SS1 sogar unbemannt. Missionsnummer 11 (der insgesamt achte freie Flug) war der erste Einsatz des Raketenantriebs. Flug Nummer 12 war noch einmal ein Gleitflug, um

Die Kombination aus SS1 und WK1. Eigenartig und doch elegant.

Im Steigflug auf die Abwurfhöhe.

die Flugeigenschaften mit einem neu installierten Thermalschutz zu erproben.

Die Tabelle rechts listet alle sechs mit Raketenantrieb durchgeführten Flüge auf.

Sehen wir uns die drei Missionen, die über 100 Kilometer führten, ein wenig genauer an. Am 21. Juni 2004, beim insgesamt 15. Einsatz des SS1, unternahm die Maschine ihren Jungfernflug ins All. Am Steuer war der damals 62-jährige Mike Melville. Es war der Probeflug für den X-Prize-Wettbewerb. Beim Aufstieg kam es zu einer gefährlichen Schaukelbewegung des Vehikels, die Melville aber wieder unter Kontrolle brachte. Trotz leicht verkürzter Brennzeit des Hybridmotors erreichte er eine Höhe von knapp über 100 Kilometer.

Nach dem haarsträubend gefährlichen Einsatz hatte Melville gemeint, diese Aufregung wäre nichts mehr für ihn, und dass er für die Wettbewerbsflüge seinen Platz im Cockpit lieber einem Jüngeren überließe.

Der erste Wettbewerbsflug fand am 29. September 2004 statt. Wie beim Probeeinsatz im Juni hatte Scaled Composites dicht gehalten und den Namen des Piloten vorher nicht genannt. Da war es dann eine erhebliche Überraschung, dass auch diesmal ein breit grinsender Mike Melville vor einer riesigen Menschenmenge in sein Vehikel stieg, den Zuschauern noch einmal zuwinkte und unter dem Rumpf des Trägerflugzeugs in den Himmel über Mojave entschwand.

Es wäre nicht Mike Melville gewesen, wenn er nicht auch diesen Flug – natürlich unbeabsichtigt – zum Drama gemacht hätte. In 14.000 Metern Höhe klinkte Matt Stinemetz, der Copilot von White Knight, sein Baby aus, und Sekunden später zündete Melville das Triebwerk von SS1.

Die ersten vierzig Sekunden verliefen scheinbar problemlos. Aber dann passierte auch hier das Unerwartete. Den Zuschauern der Fernsehübertragung gefror das Blut in den Adern. Gut sichtbar begann sich eine Schaukelbewegung um die Längsachse aufzubauen, bis das Fahrzeug schließlich komplette Rollen vollführte. Eine nach der anderen. Immer mehr, immer schneller. Der Live-Kommentator des X-Prize-Webcast rief: *„Oh, oh, oh, das scheint mir kein geplantes Manöver zu sein“.*

Flug Nr.	Datum	Pilot	Geschwindigkeit	Flughöhe
11	17. Dezember 2003	Brian Binnie	Mach 1,2	20.700 Meter
13	8. April 2004	Pete Siebold	Mach 1,6	32.000 Meter
14	13. Mai 2004	Mike Melville	Mach 2,5	64.400 Meter
15	21. Juni 2004	Mike Melville	Mach 2,9	100.095 Meter
16	29. September 2004	Mike Melville	Mach 3,0	102.900 Meter
17	4. Oktober 2004	Brian Binnie	Mach 3,1	112.200 Meter

Auch den Beobachtern auf dem Boden war sofort klar, dass etwas nicht stimmte. Die bis dahin in gerader Linie senkrecht nach oben strebende Rauchfahne begann plötzlich die Form eines Korkenziehers anzunehmen.

Aber „Zivilastronaut“ Mike Melville bekam das Fahrzeug auch diesmal wieder unter Kontrolle, wie schon damals im Juni. Nach der Landung war er so cool, wie man es von einem Space Cowboy erwartet: *„Da oben wurde ich ein bisschen überrascht“*, sagte er, als er aus dem Vehikel stieg. *„Das Schiff hat angefangen, sich ein wenig zu drehen, und vollführte dabei ein kleines Sieges-Rollmanöver“.*

Das Hybrid-Raketentriebwerk von SpaceShipOne hat gezündet.

Rückkehr zum Flugplatz im Gleitflug. Zu beachten die Aufschrift auf dem hinteren Rumpfsegment. „N" ist dabei der Prefix für in den USA zugelassene Flugzeuge. 328KF steht für 328 Kilofeet, also 328.000 Feet oder 100 Kilometer. Die Höhe, die es zu erreichen galt.

Das war eine drastische Verniedlichung. Auf den Bildern der Cockpit-Kamera, die eine Direktübertragung aus dem Inneren des Raumschiffs lieferte, hatten die Zuschauer an den Bildschirmen den Eindruck, als würde Mike Melville in einem Mixer rotieren.

Melville beschrieb das, was da vom Boden aus ziemlich übel aussah, mit den Worten: *„Und dann kam da eine kleine Rollbewegung rein. Das war etwas unerwartet, aber es machte mir keine allzu großen Sorgen. Ich denke, dass das für die Leute unten ganz nett aussieht, wenn ich da oben ein paar Rollen drehe"*. Sicherlich die Untertreibung des Tages, denn mit immer noch laufendem Raketentriebwerk – die Geschwindigkeit näherte sich der Dreieinhalbfachen Schallgeschwindigkeit – schraubte sich SpaceShipOne in 29 schnellen Rollen buchstäblich in den Himmel hinein.

Der Grund dafür war eine ganze Weile nicht klar. Melville gab aber zu, dass er das Problem selbst unbeabsichtigt hervorgerufen haben könnte. *„Sowas kann in meinem Alter schon mal passieren"*, grinste er. Burt Rutan erklärte es einen Tag später. Nachdem die Rollbewegung einmal eingeleitet war, konnte sie wegen der fehlenden Atmosphäre mit den aerodynamischen Rudern des Fahrzeugs nicht mehr beendet werden. Kaltblütig wartete Melville in seinem wild rotierenden Fahrzeug so lange ab, bis er sicher war, die notwendige Höhe erreichen zu können. Erst als er in der 76. Sekunde der Brennphase das Triebwerk abstellte, konnte er das Rollkontrollsystem betätigen, kleine Raketentriebwerke, welche die Raumlage des Fahrzeugs regeln. Und damit gelang es Melville schließlich, das Fahrzeug wieder zu stabilisieren.

Danach verlief der freie Fall zunächst aufwärts in der Wurfparabel und danach wieder abwärts ohne weitere Probleme. Die Radarauswertung zeigte, dass 102,9 Kilometer Höhe erreicht worden waren, mehr als ausreichend, um die Wettbewerbsbedingungen zu erfüllen.

Tatsächlich zeigte eine eingehende Untersuchung von SS1 nach dem Flug, dass das Fahrzeug keine „ squawks" hatte, wie Melville es ausdrückte. Womöglich war also doch er selbst unbeabsichtigt in eines der Ruder getreten. Nachdem die Sicherheitssysteme von SS1 ihre Zuverlässigkeit bewiesen hatten, gab Burt Rutan bekannt, dass der zweite X-Price-Flug wie geplant am Montag, dem 4. Oktober, stattfinden konnte.

Damit hatte schon niemand mehr so recht gerechnet, und so war es denn eine Überraschung, als Burt Rutan in den frühen Morgenstunden dieses Tages die Wahl des Piloten

Rückansicht der Kombination aus WK1 und SS1.

bekannt gab: den 51jährigen Brian Binnie. Jeder der anwesenden Journalisten hätte sein letztes Hemd dafür verwettet, dass Melville auch den zweiten X-Prize Flug durchführen würde. Dies ungeachtet seiner eigenen Aussagen, sich auf keinen Fall ans Steuer zu setzen. Schließlich hatte er das letztes Mal ja auch behauptet.

Binnie hatte das Vehikel während des Testprogramms auch schon mehrmals geflogen. Und auch ihm wäre die Rollneigung des Fahrzeugs einmal beinahe zum Verhängnis geworden, als nach dem ersten Überschallflug der Maschine im Jahr zuvor sich das Vehikel bei der Landung so sehr aufschaukelte, dass beim Aufsetzen das Fahrwerk einknickte, und Binnie von der Piste schlitterte.

Am Mittwoch hatte Binnie noch den WK1 gesteuert. Nun waren die Rollen vertauscht. Mike Melville war in den Kontrollen des Trägerflugzeugs, als die Kombination um 5 Uhr 49 morgens Ortszeit von der Rollbahn in Mojave abhob.

Nach Mike Melvilles aufregenden Flügen vom Juni und dem ersten X-Prize-Flug vom 29. September blieb Brian Binnie nichts anderes übrig, als auf andere Weise Furore zu machen.

Wo Mike Melville durch Dramatik bestach, glänzte Brian Binnie durch Meisterschaft. Bei einem perfekten Flug mit einer Triebwerksbrenndauer von 84 Sekunden erreichte Binnie eine Höhe von 112,2 Kilometern, weit über die Anforderungen des X-Prize hinaus, und brach damit selbst den 40 Jahre alten Höherekord der X-15.

Triumph für Brian Binnie.

Sub-suborbitale „Raumfahrt“

Die Diskussion um die Frage, wo der Weltraum beginnt, wird immer wieder aufs Neue geführt. Man kann sie unter physiologischen Gesichtspunkten betrachten, unter physikalischen und unter rechtlichen. Je nachdem, wen man fragt, wird die Antwort unterschiedlich ausfallen.

Rein physiologisch kann ein Mensch in einer Höhe über 7.000 Metern nicht lange existieren. Ab da wird in den Lungenbläschen der minimal notwendige Sauerstoffpartialdruck von 30 bis 35 Millibar dauerhaft unterschritten. In einer Höhe oberhalb von 8.000 Metern beginnt die „Todeszone“. Kein Mensch kann dort ohne künstlich zugeführten Sauerstoff länger als etwa 48 Stunden überleben.

Eine Testkabine des World View Explorer.

In Höhen über 10.000 Meter ist ein Druckanzug notwendig, denn selbst bei der Atmung von reinem Sauerstoff kann der vom Körper nicht mehr aufgenommen werden. Höhen in denen sich moderne Verkehrsflugzeuge bewegen (also etwa 12.000 Meter) sind für den Körper somit beinahe gleichbedeutend wie der Weltraum. Nicht aber für den Physiker. Für den befindet sich der Mensch dort noch in den dichten Schichten der Atmosphäre, der so genannten Troposphäre, die bis etwa 15 Kilometer Höhe reicht.

Darüber beginnt der Bereich der Stratosphäre, die sich bis in eine Höhe von 50 Kilometer erstreckt, und an der Grenze zur Mesosphäre endet. Physikalisch betrachtet liegt auch die tratosphäre definitiv nicht im Weltraum. Praktisch aber schon, denn in diesen Bereichen kann ein Mensch ohne geeignete Schutzvorkehrungen noch nicht einmal für wenige Minuten überleben, denn der umgebende Luftdruck ist zu gering.

Damit sind wir bei Unternehmen angelangt, in deren Angebot eine „Near-Space“-Erfahrung steht. Die US-Firma World View und ihr direkter Mitwettbewerber Space Perspective, bieten Flüge – oder korrekter ausgedrückt „Fahrten“ – in die Stratosphäre an. Sie betreiben damit sozusagen sub-suborbitale Raumfahrt. World View und Space Perspective umgehen damit den ultrateuren, und – seien wir ehrlich – nicht ganz ungefährlichen Raketenstart. Trotzdem geben sie ihren Kunden ein zumindest weltraumnahes Erlebnis mit. Die beiden Firmen entwickeln nämlich ballon-basierte Systeme, die Menschen bis in die Mitte der Stratosphäre transportieren.

Unternehmen wie Virgin Galactic und Blue Origin legen zur Abgrenzung von diesen Firmen Wert darauf, „wirkliche“ Weltraumtrips zu verkaufen, wobei es auch hier nur in die unteren Regionen der Ionosphäre geht, den Höhenbereich zwischen 90 und 110 Kilometern. Deren Vehikel werden von Raketen betrieben und die erfordern deutlich tiefere Taschen beim

Ein World View Explorer Ballon in der Stratosphäre (grafische Darstellung).

Kunden. Virgin Galactics gegenwärtiger Ticketpreis liegt bei 450.000 Dollar, bei Blue Origin ist er nicht bekannt, aber er dürfte eher noch höher sein.

Eine typische Fahrt mit einem solchen Stratosphärenballon dauert zwischen sechs und acht Stunden. Beide Unternehmen garantieren eine Reisehöhe von mindestens 30 Kilometern. Das genügt, um die Krümmung des Erdhorizontes zu erkennen und die Schwärze des Weltraums. Die Bedingungen sind in dieser Höhe ähnlich wie auf der Oberfläche des Planeten Mars. Der Luftdruck beträgt etwa fünf Millibar, die Temperatur liegt bei minus 50 Grad.

Die Fahrt mit dem World View Ballon wird als Höhepunkt einer insgesamt fünftägigen Erlebnistour vermarktet. Gestartet wird beispielsweise vom Ort Page aus, der in Arizona in der Nähe des Grand Canyon liegt. Sie beinhaltet auch den Besuch von Naturreservaten und Orten kultureller und his-

torischer Bedeutung wie die der Hopi- und Navajo-Indianer, bevor man dann, zum Schluss dieser Erlebniswoche, hoch über den Gebieten schwebt, die man zuvor vom Boden aus erkundet hat.

Als weitere Startorte für diese kombinierten Boden- und Stratosphärenerkundungen sind das australische Queensland in der Nähe des Great Barrier Riffs, Kenia, Norwegen, das brasilianische Amazonas-Gebiet, die chinesische Mauer in China oder der Pyramidenkomplex von Gizeh in Ägypten geplant.

Das Ballon-Kapselsystem von World View trägt die Bezeichnung „Explorer“. Das System von Space Perspective heißt „Spaceship Neptune“. Die Landung der Explorer-Kapsel wird an einem gewaltigen Flächenfallschirm auf festem Boden erfolgen. Spaceship Neptune dagegen wird mit einem normalen Rundkappenfallschirm landen und im Meer niedergehen.

Nahansicht des World View Explorer (grafische Darstellung).

Eine Neptune-Kapsel beginnt ihren Aufstieg unter dem Ballon (grafische Darstellung).

Jedes der „Erlebnispakete“ mit der Stratosphärenfahrt im Zentrum kostet zwischen 75.000 (World View) und 125.000 Dollar (Space Perspective). Das ist zwar immer noch eine Stange Geld, aber doch nur ein Bruchteil dessen, was man bei Virgin Galactic oder Blue Origin zahlt. Man erlebt die Reise zusammen mit sieben „Mitfahrern“ jeweils in einer druckbelüfteten und komfortablen Kabine.

Die Fahrt in die Stratosphäre – so werben beide Anbieter – sei ruhig, stressfrei und körperlich nur wenig belastend. Somit kann eine große Bandbreite von Menschen unterschiedlichen Alters und Fitnesslevels daran teilnehmen. Durch den relativ niedrigeren Preis und die geringeren medizinischen Anforderungen hoffen World View und Space Perspective, einen wesentlich größeren Personenkreis als Kunden gewinnen zu können als Virgin Galactic und Blue Origin.

Beide Unternehmen haben auch schon Kunden für ihre ersten bemannten Einsätze. Die gemeinnützige Organisation „Space For Humanity“ kaufte kurzerhand alle Plätze für den Jungfernflug des Explorer und will die dann mit ihren „citizen astronauts“ füllen.

Das Reiseerlebnis an Bord des World View Explorer wird ziemlich luxuriös sein. Die Druckkabine wird Liegesitze beinhalten, einen Hochgeschwindigkeits-Internetzugang, Kameras, die auf die Erde ausgerichtet sind, Teleskope, die den Himmel beobachten und vieles andere. Zusammen mit den Reisenden werden auch zwei Angestellte von World View mit dabei sein. Der eine fungiert als Concierge und serviert Drinks und Mahlzeiten, der andere ist der „Operator“ oder der „Tour Guide“. So ganz klar ist man sich über die Bezeichnung noch nicht.

Zum Zeitpunkt, an dem diese Zeilen entstehen, ist die Druckkapsel noch nicht ganz fertig entwickelt. Wohl aber der Ballon, der bis zum Februar 2022 bereits vier Missionen absolviert hat. Voll aufgeblasen wird er fast 500.000 Kubikmeter Gas enthalten. Die Kapsel und der Flächenfallschirm sind wiederverwendbar. Die Ballons allerdings nicht. Die kommerziellen Einsätze des Explorer sollen ab 2024 beginnen.

Auch Space Perspective hat bereits Testflüge durchgeführt und erreichte mit einer Testkapsel eine Höhe von 33 Kilometern. Probeflüge mit Besatzungen sollen Ende 2023 oder Anfang 2024 folgen. Die Fahrten mit kommerziellen Passagieren werden – wie bei der Konkurrenz – ebenfalls ab Ende 2024 erwartet und von Florida aus erfolgen. Bei den Einsätzen mit dem „Neptune“ werden jeweils acht Passagiere und ein Tour Guide des Unternehmens mit dabei sein.

Die Neptune-Kapsel hat ihre Zielhöhe erreicht (grafische Darstellung).

Space Perspective verkündete, dass die Plätze für das erste Jahr des kommerziellen Betriebes bereits ausverkauft seien, und auch im zweiten vollen Betriebsjahr seien nur noch wenige Sitze frei. Ähnlich wie bei World View gibt es auch Gruppen, die einen kompletten Flug gekauft haben.

Sollten Sie sich den Herausforderungen eines Weltraumfluges also erst langsam und vorsichtig annähern wollen: In wenigen Jahren gibt es mit ballongestützten Stratosphärenfahrten das passende Angebot für Sie.

Der Mann, der nur mal eine rauchen wollte

Der japanische Journalist Toyohiro Akiyama war der Erste. Und es gefiel ihm nicht besonders. Akiyama gilt heute als der „Antiheld“ der Raumfahrer. Dabei hatte er sich eigentlich freiwillig gemeldet, aber eher weil er dachte, dass er das seiner Tätigkeit als Journalist schuldig sei und vielleicht auch seiner Karriere förderlich sein könnte. Mit seinem Raumflug so richtig angefreundet hat er sich erst lange Jahre danach.

Eines der offiziellen Sojus TM-11-Missionsfotos zeigt hier Toyohiro Akiyama noch guten Mutes.

1989 verfiel sein Arbeitgeber, die Tokio Broadcasting Corporation (TBC), auf die Idee, den 40. Geburtstag des Senders mit einem ganz besonderen Ereignis zu begehen. Er beschloss, einen bemannten Raumflug für einen ihrer Angestellten zu finanzieren. Möglich war das nur mit den Sowjets. Als ausländischer „Privatastronaut“ im Shuttle-Programm zu fliegen, war seinerzeit unmöglich. Vor allem im Licht der noch nicht lange zurückliegenden Challenger-Katastrophe von 1986.

Mit den Sowjets hingegen ging es. Die Raumstation Mir nahm zu diesem Zeitpunkt schon laufend ausländische Gäste auf. Allerdings alles gut trainierte und für einen Raumflug hoch motivierte Personen, die von ihren jeweiligen Raumfahrtagenturen entsandt wurden. Sie hatten allesamt den Status von Profi-Kosmonauten.

Die Idee der TBC war natürlich als Werbung für den Sender gedacht. Die Gesellschaft erhoffte sich eine enorme Steigerung der Zuhörer- und Zuseherquoten und vor allem reichlich Werbeeinnahmen. Der Deal wurde abgeschlossen und man bezahlte den Sowjets dafür einen Betrag, der bis heute nicht genau bekannt ist. Man spricht von einer Summe zwischen 25 und 37 Millionen Dollar. Die Sowjets selber gaben allerdings an, nur 14 Millionen Dollar erhalten zu haben.

Am Ende bewarben sich 163 Angestellte des Senders. Ausgewählt wurden am 17. August 1989 der schon erwähnte Toyohiro Akiyama, der langjährige Washington-Korrespondent des Senders und einer seiner Star-Journalisten, und die Kamerafrau Ryoko Kikuchi. Beide meldeten sich im Oktober desselben Jahres zum Training im Moskauer Juri Gagarin-Kosmonautenzentrum.

Akiyama, komplett unsportlich und obendrein ein starker Raucher, der vier Packungen Zigaretten täglich konsumierte, litt schon während des Training erheblich an der Sache.

Zu diesem Zeitpunkt mag er auch noch gehofft haben, dass die wesentlich fittere Ryoko Kikuchi die Mission durchführen würde, und tatsächlich wurde sie auch als Primär-Kandidatin nominiert. Doch dann erlitt sie kurz vor dem Flug einen Blinddarm-Durchbruch und Akiyama verblieb als einzige Alternative.

Schließlich startete er am 2. Dezember 1990 zusammen mit Wiktor Afanasjew und Mussa Manarow in Sojus TM-11 und es war ein persönliches Desaster für ihn. Wohl kaum ein Mensch davor (der US-Senator Jake Garn mag hier die Ausnahme sein) und keiner danach litt so sehr unter der Raumkrankheit wie er. Das hatte auch erheblichen Einfluss auf seine Performance als Berichterstatter. Er sollte täglich in jeweils einer Fernsehsendung und zwei Rundfunkübertragungen aus dem Weltraum berichten, war aber so gehandicapped, dass ihm das nur unzureichend gelang.

Manche seiner banalen (*Ich sehe jetzt hier grade aus dem Fenster raus*) oder skurillen Kommentare (*Dicke japanische Frösche im Weltraum lieben die Schwerelosigkeit. Dünne japanische Frösche benehmen sich, als wären sie lieber in Yokohama*) hatten seinerzeit einen gewissen Kultstatus. Andere würden in unserer eher humorlosen Zeit als politisch unkorrekt gebrandmarkt werden (*Ich kann's nicht erwarten, wenn ich endlich wieder eine rauchen kann*). Insgesamt ließ das Publikumsinteresse gegen Halbzeit seiner knapp achttägigen Mission deutlich nach und die Quoten des Senders waren ab da kaum besser als vor dem Flug.

Am Ende stellte sich die Sache für TBC als finanzieller Flop dar. Man sprach von einem Minus von 7,4 Millionen Dollar, den das Unternehmen mit dem Projekt machte. Aber immerhin: der erste kommerzielle bemannte Raumflug war Geschichte. Und mit Akiyama war gleichzeitig der erste Japaner in den Weltraum geflogen.

In den Jahren danach wurde immer wieder über den tatsächlichen Status von Akiyama diskutiert. War er nun ein „Weltraum-Geschäftsreisender" oder einfach ein „Privat-Astronaut"?

Einen ähnlichen Sonderstatus wie Akiyama bekam auch ein halbes Jahr später Helen Sharman, die erste Britin im Weltraum. Für ihren Flug war das „Projekt Juno" ins Leben gerufen worden. Die Mission wurde zum Teil durch ein Konsortium britischer Firmen finanziert. Den anderen Teil bezahlte seinerzeit die Sowjetunion. Sharman, die einen Doktortitel in Chemie hatte, wickelte allerdings bei ihrer Mission ein volles Forschungsprogramm ab. Sie war im besten Sinne als professionelle Kosmonautin unterwegs, aber nachdem sie nicht einem institutionellen Astronautencorps angehörte, wird sie heute eher als „Spaceflight Participant" bezeichnet, also als „Teilnehmerin an einem Raumflug". Im Übrigen war sie zum Zeitpunkt ihres Fluges noch keine 28 Jahre alt, und damit einer der jüngsten Menschen, die je in den Orbit flogen.

Welchen Status Akiyama und Sharman auch immer haben, man kann sie beide ganz gewiss nicht als „Weltraum-Touristen" bezeichnen, denn sie bezahlten ihre Flüge nicht selbst.

Sie war die zweite „private" Teilnehmerin an einem Raumflug: Helen Sharman.

Das Ziel von Akyama und Sharman: die sowjetisch/russische Raumstation Mir.

Zwischen 2001 und 2009 besuchten danach insgesamt neun Männer und eine Frau mit Hilfe der Russen die Internationale Raumstation. Der erste war Dennis Tito, der letzte Guy Laliberté, der Mitbegründer des Cirque du Soleil. Einer von ihnen, Charles Simonyi flog sogar zweimal. Von diesen insgesamt elf Missionen waren acht rein privat von diesen Einzelpersonen finanziert. Sie kann man also mit Fug und Recht als die ersten Weltraum-Touristen bezeichnen. Den restlichen dreien wurde ihr Flug wiederum von Institutionen im Heimatland der „Spaceflight Participants" bezahlt, ähnlich wie für Akiyama und Sharman.

Nach 2009 trat eine zehnjährige Pause im orbitalen Weltraumtourismus ein, denn in der Nach-Shuttle-Ära hatten alle westlichen Astronauten keine andere Möglichkeit zur ISS zu gelangen, als mit Hilfe russischer Raumfahrzeuge. Diese Flüge wurden über die NASA organisiert, die schlichtweg alle freien Plätze bei den Sowjets wegkaufte. Sie standen somit nicht für „touristische" Flüge zur Verfügung. Die einzige Ausnahme war die Mission von Hazza al Mansouri aus den Vereinigten Arabischen Emiraten, der im September 2019 mit Sojus MS-15 die ISS für eine Woche besuchte. Sein Aufenthalt war nur deswegen möglich, weil die US-Astronautin Christina Koch einen Besatzungswechsel übersprang und erst nach fast einem Jahr im Weltraum wieder zur Erde zurückkehrte. Aber auch er kann nicht als „Tourist“ bezeichnet werden, denn er absolvierte ein volles Kosmonautentraining und seine Mission wurde von seiner Landesregierung bezahlt.

Doch nun ist die Zeit gekommen, dass derartige „Kunststückchen“ nicht mehr notwendig sind. Die alles entscheidende Änderung kam mit dem Beginn der Einsätze des Crew Dragon von SpaceX. Damit stehen nun auf US-Seite wieder eigene Personen-Transportkapazitäten zur Verfügung, was es auf der anderen Seite den Russen ermöglicht, ihrerseits Plätze in den Sojus-Raumschiffen zu besetzen, die zuvor von den westlichen Berufsastronauten in Beschlag genommen worden waren. Mehr noch, SpaceX bietet in der Zwischenzeit auch so genannte „Solo-Flüge“ an, Missionen, die nicht zur ISS gehen. Wenn zukünftig mit dem Boeing Starliner noch weitere zusätzliche Kapazität verfügbar wird, steht einem vergleichsweise breiten Wachstum des Weltraumtourismus nichts mehr im Wege.

Er war der erste private „Selbstzahler“ im Weltraum: Dennis Tito (links). Hier mit dem Rest seiner Sojus TM-32-Crew, Talghat Mussabajew (Mitte) und Juri Baturin.

Suborbitale Raumfahrt

Alle Raumflüge, die keinen Orbit erreichen, aber zumindest kurzzeitig auf eine Flughöhe kommen, die der Definition des Weltraums entspricht, sind suborbitale Raumflüge (suborbital = unterhalb des Orbits). Der Weltraum beginnt nach US-Standard 80 Kilometer über der Erdoberfläche oder 100 Kilometer nach den Statuten der Fédération Aéronautique Internationale (oder kurz: FAI).

In die Kategorie suborbitaler Raumfahrzeuge fallen Höhenforschungsraketen, ballistische Militärraketen aber auch Fluggeräte wie das frühere NASA-Forschungsflugzeug X-15. Die Geschwindigkeit, die notwendig ist, um auf einer annähernd vertikalen Flugbahn eine Höhe von 100 Kilometer zu erreichen, beträgt etwa 3.200 Kilometer pro Stunde oder etwa 900 Meter pro Sekunde. Zum Vergleich: Um in eine Erdumlaufbahn zu gelangen, sind theoretisch 7,7 Kilometer pro Sekunde erforderlich, in der Praxis aber wegen des aerodynamischen Widerstands und der Gravitationsverluste etwa 9,2 Kilometer pro Sekunde.

Lange Zeit herrschte „Tote Hose“ auf dem Gebiet des suborbitalen Weltraumtourismus, dabei schien er nach den er-

Sir Richard Branson, CEO von Virgin Galactic, neigt gelegentlich zur Exzentrik.

folgreichen X-Price-Flügen des SpaceShipOne unmittelbar vor der Tür zu stehen. Aber dann stolperte Sir Richard Bransons Weltraumflugzeug SpaceShipTwo (SS2) 16 Jahre lang von einem technischen Missgeschick ins nächste, und auch das Entwicklungstempo des Konkurrenzmodells, des New Shepard (NS) von Jeff Bezos glich eher der Bewegung eines Gletschers – und zwar noch vor dem Beginn der Klimakrise – als den dynamischen Prozessen, die man heute von einem modernen Technologieunternehmen erwartet.

Doch plötzlich war dann alles anders. Erste Anzeichen für eine Belebung der lange Zeit recht statischen Szene gab es Ende April 2021, als Jeff Bezos verkündete, dass am 20. Juli der erste bemannte Einsatz seines New Shepard erfolgen werde. Nach vorausgegangenen 15 unbemannten Testeinsätzen in einem Zeitraum von neun Jahren. Nicht bekannt gemacht wurde allerdings, wer da mit an Bord sein sollte. Für die Experten war aber klar: Das kann nur eine firmeninterne Blue Origin-Testcrew sein. Das stellte sich allerdings bald als Irrtum heraus.

Anfang Mai begann dann das, was einige Medien ziemlich despektierlich als das „Wettpissen der Weltraumbarone" bezeichneten. Den Beginn machte Jeff Bezos, der verkündete, einen der Sitze an Bord seiner New Shepard-Kapsel versteigern zu wollen. Dazu veranstaltete er eine Art „Kunden-Vorauswahl" auf einer eigens dafür geschaffenen Plattform im Internet. Nach einer Weile lag dort das höchste Gebot bei 4,8 Millionen Dollar. Die finale Auktion erfolgte am 12. Juni 2021. Und die wusste Jeff Bezos gehörig zu befeuern, denn am 7. Juni, also noch vor der Schlussversteigerung, verkündete er, beim bemannten Erstflug seines New Shepard höchstpersönlich mit an Bord zu sein. Und nicht nur das, sein jüngerer Bruder Mark werde ihn beim Kurztrip ins All begleiten.

Dann kam die Schlussauktion. Die dauerte ganze sieben Minuten. Vier Minuten weniger als der Flug am Ende selbst dauern sollte. Die Versteigerung erzielte ein Gebot von 28 Millionen Dollar. Zum Vergleich: Ein Sitz in einem Raumschiff von Elon Musk für einen drei- bis fünftägigen Orbitalflug (ohne Anlegen an der ISS) kostet derzeit etwa 50 Millionen Dollar. Diese Summe schiebt Jeff Bezos übrigens nicht in die eigene Tasche, wie giftige Kommentare auf Twitter vermuten ließen. Vielmehr spendete er sie für einen wohltätigen Zweck. Das Geld ging an die „Club for the Future"-Stiftung. Die allerdings Jeff Bezos betreibt.

Sir Richard (ganz rechts) mit der restlichen Kabinencrew. Von links; Colin Bennett, Beth Moses und Sirisha Bandla. Die beiden Piloten Dave Mackay und Mike Masucci sind nicht im Bild.

Vielleicht ist an dieser Stelle etwas Statistik angebracht, um das Ereignis richtig einordnen zu können.

Zum Stand vom Ende Juni 2021 (also vor dem Flug von Bezos) waren insgesamt 583 Menschen in den Weltraum geflogen. 567 davon in eine Erdumlaufbahn oder darüber hinaus, 24 auf einer suborbitalen Bahn, wobei wir für diesen Zweck alles als Weltraum definieren, was es jemals über 80 Kilometer Höhe geschafft hat, denn tatsächlich flogen von diesen 24 nur sieben über 100 Kilometer hoch. Acht von diesen 24 haben zusätzlich auch noch orbitale Flüge unternommen, entweder vor ihrem suborbitalen Flug oder danach.

Die Mischung ist dabei sehr bunt. Da ist zum Beispiel Alan Shepard mit dabei, der erste Amerikaner im Weltraum. Er flog im Jahre 1961 mit Friendship 7 suborbital, und 1971 mit Apollo 14 zum Mond. Dann gibt es da insgesamt acht X-15-Piloten, die in den sechziger Jahren schon beinahe regelmäßig Flüge auf über 80 Kilometer Höhe unternahmen. Einer von ihnen,

Das „Erstflugteam“ von Blue Origin. Von links: Oliver Daemon, Wally Funk, Jeff Bezos und Mark Bezos.

Joe Engle, flog später zweimal mit dem Shuttle in den Orbit. Da gibt es vier Männer, die bei Startabbrüchen mit Orbitalraketen einen suborbitalen Flug durchgeführt haben (die Russen Lazarew, Makarow und Owtschinin sowie der Amerikaner Nick Hague). Alle vier flogen zuvor (Lazarew) oder danach auch noch orbital. Darunter sind auch Leute wie Mike Melville und Brian Binnie, die im Rahmen des X-Price-Wettbewerbs zweimal, respektive einmal mit dem SS1, dem Vorgänger von SS2, suborbitale Flüge durchgeführt hatten.

Doch genug der Statistik und zurück zum Ereignis. Die Medienaufmerksamkeit für den Konkurrenten wurmte Sir Richard mächtig. Sein SS2 war nach einer gelungenen Demo-Mission mit zwei Piloten an Bord am 22. Mai 2021 eigentlich noch mindestens einen weiteren Flug von einem ersten Testeinsatz mit „Versuchspassagieren“ entfernt. Erst dann – damals geschätzt irgendwann im Frühherbst 2021 – sollte auch Sir Richard seinen seit vielen Jahren angekündigten „Einweihungsflug“ des kommerziellen Systems durchführen.

Das allerdings hätte bedeutet, dass der Erzrivale Bezos noch vor ihm den Weltraum erreichen würde. Eine Schmach, die er unmöglich auf sich sitzen lassen konnte. Und so verkündete Richard Branson, dass er bereits beim nächsten Flug des SS2 mit an Bord sein werde. Damit war klar: Der „Endkampf“ zwischen Virgin Galactic und Blue Origin war entbrannt.

Allerdings war da noch ein kleines Problem zu lösen. Virgin Galactic hatte das Vorhaben als „Testflug“ angemeldet, und die Freigabe der FAA (Federal Aviation Administration) für diesen mit sechs Personen besetzten „Testflug“ war unter der Voraussetzung erfolgt, dass alle Besatzungsmitglieder erstens Angestellte des Unternehmens und zweitens mit missionstechnisch notwendigen Funktionen betraut sein mussten. Bei einem „Testflug“ sollte ja – die Bezeichnung drückt es aus – irgendwas „getestet“ werden.

Bei fünf der sechs Personen war das kein Problem: Die Piloten Dave Mackay und Mike Masucci mussten an Bord sein, ohne die ging es nicht. Platz drei war für Beth Moses bestimmt, die „Astronautentrainerin“ von Virgin Galactic. Sie war schon einmal bei einem Testflug im Februar 2019 mit an Bord, somit war auch sie eine logische Wahl. Platz vier nahm Colin Bennett ein, der Chefingenieur von Virgin Galactic für Flight Operations. Also auch klar. Bei Sitz Nummer fünf wurde der Begriff „missionstechnisch notwendig“ schon etwas

Diese Crew flog am 13. Oktober 2021 mit dem New Shepard. William Shatner (ja, der von Star Trek!) wurde dabei – mit 90 Jahren – der älteste Mensch im Weltraum.

VSS Unity hat ihren Raketenmotor gezündet.

gedehnt, der ging an Sirisha Bandia. Sie ist zuständig für das institutionelle Geschäft und für die Betreuung von Versuchsanordnungen. Aber auch das ging am Ende in Ordnung, denn während des Fluges war es ihre Aufgabe, ein Experiment der Universität von Florida abzuwickeln. Somit waren das fünf Leute, jeder mit einer definierten „missionstechnisch notwendigen" Aufgabe.

Jetzt galt es nur noch eine sinnvolle Rolle für Sir Richard zu finden, der sich so kurzfristig auf die Besatzungsliste gedrängelt und damit vermutlich einen weiteren Virgin Galactic-Ingenieur um seinen Platz gebracht hatte. Doch das war kein Problem: Richard Branson ist schließlich als Chairman von Virgin Galactic auch irgendwie ein Angestellter des Unternehmens und die Firma kann jeden Angestellten für einen Testflug benennen, den sie für nötig hält. So bekam auch Richard Branson eine Testfunktion zugewiesen: „Research of Customer Experience". Etwas banaler ausgedrückt: „Probekunde".

Das nächste Problem für Virgin Galactic hing mit dem Flugtermin zusammen. Bezos hatte für den New Shepard-Flug den 20. Juli angekündigt. Der Termin wurde weniger aus technischen Gründen gewählt, sondern wegen seiner historischen Bedeutung: Es war der 52. Jahrestag der ersten Mondlandung. Für Bezos war der Termin leicht zu schaffen. Für Branson kam er allerdings verteufelt früh.

Die Testflüge von Virgin Galactic sind berüchtigt dafür, in enormen Zeitabständen zu erfolgen. Meist sind sie viele Monate voneinander getrennt. Noch vor dem 20. Juli zu fliegen, und das bei seinem extrem wartungsintensiven System, war schwierig. Aber um es vor Bezos zu schaffen, musste das Unternehmen nun ins Risiko gehen, und so legte Branson seinen Starttermin kurzerhand auf den 11. Juli. Das war nur 51 Tage nach dem letzten Testflug, eine Turn-around-Zeit, die Virgin Galactic bei raketenbetriebenen Flügen bislang noch nie auch nur annähernd geschafft hatte.

Aber Branson musste der Erste sein, der flog. Unbedingt. Zunächst einmal natürlich weil es genau darum ging. Aber es gab noch einen zweiten Grund, der fast genauso entscheidend ist: SS2 ist deutlich weniger leistungsfähig als der New Shepard. Wenn also schon weniger Leistung, dann musste Branson zumindest als erster unterwegs sein. Und seien es nur neun Tage. Weniger Leistung UND Zweiter werden, das ging gar nicht.

SS2 kann nicht mehr als etwa 90 Kilometer Höhe erreichen, der New Shepard dagegen locker mindestens 105. Das ergibt dann knapp unter, respektive knapp über drei Minuten Schwerelosigkeit. Plus natürlich der Erfahrung eines Weltraumstarts und einer Landung aus dem Weltraum. Bei Branson an Bord eines schicken Raketenflugzeugs, bei Bezos in einer klassischen Raumkapsel.

Das mit den „nur 90 Kilometern" rieb Blue Origin dem Rivalen gleich mal kräftig unter die Nase. In einer E-Mail des Blue Origin CEOs Bob Smith hieß es mit Bezug auf Branson: *„Wir wünschen ihm einen fabelhaften und sicheren Flug. Aber sie werden nicht über die Karman-Linie hinauskommen, und das ist dann schon eine sehr unterschiedliche Erfahrung"*. Auf den sozialen Medien schob Bezos gleich noch etliche hämische Infografiken hinterher, die den Konkurrenten in Misskredit bringen sollten.

Tatsächlich bleibt Branson unterhalb der Karman-Linie, die heute – mit Ausnahme der USA – weltweit als die „offizielle“ (wenngleich nicht physikalisch korrekte) Grenze zum Weltraum gilt. Branson markiert sie gezwungenermaßen nach der US-Definition: Für die beginnt der Weltraum in nur 50 Meilen Höhe. Diese US-Definition, das nur am Rande, geht zurück auf den US-Juristen Andrew Hawley. Der war seinerzeit Präsident der International Astronautical Federation, die sie 1957 mit 275.000 Fuß festlegte, also 52,1 Meilen oder 83,8 Kilometer. Die US-Luftwaffe, die als erste praktisch mit dem Problem zu tun hatte, rundete das einfach nach unten auf die besagten 50 Meilen (80,5 Kilometer) ab.

Ursprünglich hatte Branson für sein SS2 durchaus ebenfalls die 100-Kilometer-Marke im Auge. Aber im Laufe des langjährigen Entwicklungsprozesses geriet das Schiff schwerer und schwerer, und so musste Branson die Erwartungen an sein suborbitales Raumflugzeug reduzieren.

Auch Art und Dauer des Erlebnisses sind unterschiedlich. Bei Virgin Galactic dauert die ganze Mission etwa 75 Minuten. 60 davon braucht es aber schon, bis das WhiteKnightTwo

Diese Sicht stammt von einer Kamera an der Spitze des linken Flügels.

(WK2)-Mutterflugzeug das raketenbetriebene SS2 auf seine Absetzhöhe bringt. Immerhin dürfte auch das schon ganz schön aufregend sein. In 13.500 Metern Höhe angekommen wirft das Mutterflugzeug die geflügelte Rakete ab, und die eigentliche Show beginnt: Eine Minute angetriebene Flugphase mit bis zur vierfachen Erdbeschleunigung, drei Minuten Schwerelosigkeit auf einer Wurfparabel, die bis auf die erwähnten knapp 90 Kilometer Höhe führt, dann eine Minute „Wiedereintritt" mit Belastungen bis zu fünf g, und schließlich ein etwa zehnminütiger Gleitflug zurück zum Spaceport America in der Nähe der White Sands Missile Range in New Mexico.

Der New Shepard dagegen startet auf dem Privatgelände von Jeff Bezos in Texas, der so genannten „Corn Ranch", auf der es nichts weniger gibt als „Corn" (also: Mais), sondern nur eine nahezu vegetationslose Wüste. Dieses Privatgelände ist im Übrigen nicht viel kleiner als der Staat Luxemburg. Der Start der einstufigen Rakete dauert etwa drei Minuten und ist deutlich sanfter als der Flug von SS2. Danach löst sich die himbeerbonbonförmige Kapsel. Nun folgen gut drei Minuten Schwerelosigkeit und das Abfliegen einer steilen Parabel mit einem Scheitelpunkt in etwa 105 Kilometern Höhe. Danach folgt der „Wiedereintritt" mit kurzzeitigen Belastungen bis etwa fünf g und schließlich die Landung am Fallschirm in der Wüste. Die Gesamtdauer von der Zündung der Rakete bis zum Aufsetzen der Kapsel: knapp elf Minuten.

Damit wären die Eckpunkte abgesteckt: SS2 ist ein klassisches, analoges, anmutig anzusehendes Raketenflugzeug, das von zwei Piloten handgesteuert in den Himmel steigt. Branson fliegt neun Tage früher als Bezos, aber nicht so hoch. Der New Shepard dagegen ist eine moderne Rakete bei der alles vollautomatisch läuft. Es gibt keine Piloten an Bord, die irgendetwas steuern müssten. Bezos fliegt etwas später, ist aber, ungeachtet welche Definition man auch immer anwendet, und anders als Branson, definitiv im Weltraum. Somit könnte man meinen: Wenn alles klappt, hat die Sache zwei halbwegs gleichberechtigte Sieger.

Doch so wollte das Jeff Bezos nicht stehen lassen.

Der hatte ja seiner „Jungfernflugmission" bereits durch die Auktion einen philanthropischen Charakter gegeben. Jetzt legte er nochmal eins drauf und lieferte die nächste Sensation: Er lud für den Flug die 82jährige Wally Funk ein. In Deutschland ist sie weitgehend unbekannt, für die US Aerospace-Gemeinde ist sie aber eine Legende. Nicht nur, dass sie in ihrem Berufsleben als Pilotin fast 20.000 Flugstunden absolviert (und als Fluglehrerin mehrere hundert Piloten ausgebildet) hat, sie war auch Mitglied der legendären „Mercury 13", jener Gruppe von Frauen, die sich in den Frühtagen des bemannten US-Raumfahrtprogramms allen medizinischen Tests unterwarfen, welche auch die männlichen Raumflug-Aspiranten erfüllen mussten. Diese Tests, das nur nebenbei,

Start des New Shepard.

führte keineswegs die NASA durch, wie heute oft behauptet wird, sondern eine rein private Initiative. Keine von ihnen kam damals zum Zug, denn Präsident Eisenhower legte, um die Pilotenauswahl abzukürzen fest, dass sich die zukünftigen Weltraumflieger aus den Reihen der militärischen Testpiloten rekrutieren mussten.

Es gibt dabei noch eine besonders pikante Note: Wally Funk hatte sich nämlich bereits 2010 ein „Ticket" bei Virgin Galactic gekauft. Für damals 170.000 Dollar (Stand 2022 kosten diese Flüge übrigens bereits 450.000 Dollar). Das Unternehmen konnte aber bis zum heutigen Tag die seinerzeit verkaufte Leistung nicht liefern. Nun ist also Blue Origin dafür eingesprungen und gibt ihr einen kostenlosen Flug und das sogar in eine größere Höhe als das Virgin Galactic geschafft hätte. Somit hatte Bezos Branson wieder eins ausgewischt.

Die Landung des New Shepard-Boosters.

Am 11. Juli erfolgte schließlich wie geplant der Flug der VSS Unity mit Dave Mackay, Mike Masucci, Beth Moses, Sirisha Bandla, Colin Bennett und Sir Richard Branson an Bord. Die Mission ging auf eine Flughöhe von knapp über 86 Kilometern und schien zunächst vollständig erfolgreich verlaufen zu sein (zum „schien" gleich mehr).

Am 20. Juli flog auch der New Shepard mit Jeff und Mark Bezos, Wally Funk und dem zahlenden Passagier Oliver Daemon. Die Kapsel erreichte eine Flughöhe von knapp über 107 Kilometer. Und es gab noch einige „Weltrekorde" einzuheimsen, denn erstmals flog ein Brüderpaar in den Weltraum (Jeff und Mark Bezos), zusammen mit dem ältesten Menschen, der je einen Raumflug unternommen hat (Wally Funk mit 82) und dem jüngsten Menschen im Weltraum (Oliver Daemon mit 18).

Insofern könnte man an dieser Stelle vermelden: Mission accomplished. Gleichstand zwischen den Ego-Shootern. Jeder der beiden Alphatiere konnte sein Gesicht waren. Doch das stimmt nicht ganz. Sehen wir uns dazu an, was danach geschah.

Die Show an sich, die sowohl Bezos als auch Branson um ihre jeweiligen Flüge durch ihre PR-Abteilungen veranstalten ließen, wurde wenig goutiert und weltweit als erheblich „overdone" betrachtet. Viel Pathos, Pomp, Prahlerei und Protz und zu wenig der Boden der Tatsachen. Branson, ohnehin schon berüchtigt für seine Extravaganz und peinliche Selbstdarstellungssucht, übertrieb es mal wieder, und das gefiel insbesondere den Raumfahrtfans gar nicht. Im Livestream vom Morgen des Fluges erschien Branson, ein selbsternannter Umweltschützer, mit dem Fahrrad am Spaceport und begrüßte dort seine Mitflieger. Das stellte sich aber bald als Fake heraus. Branson war an diesem Tag keineswegs mit dem Fahrrad vom 50 Kilometer entfernten Truth and Con-

In diesem Bild sind der eben gelandete Booster, die noch herabschwebende Kapsel und der Mond eingefangen.

sequences hergeradelt, wie er glauben machen wollte. Die Szene war schon eine Woche vor dem Start gedreht worden. Tatsächlich hatte Branson dabei gerade mal 200 Meter mit dem Fahrrad zurückgelegt. Das wurde dann in die aktuelle Berichterstattung hineingeschnitten, um den Eindruck zu erwecken, dass es am Morgen des Starts geschehen sei. Die Nachrichtenagentur Reuters fand den Schwindel heraus und ein Firmensprecher tat danach zerknirscht kund, dass *„...Virgin den Fehler und die Verwirrung, die es gestiftet hat, sehr bedauert“.*

Deutlich ernster war der zweite Vorfall, der erst am 1. September durch einen Artikel im „The New Yorker“ bekannt wurde. Danach hat es gegen Ende der angetriebenen Phase des Fluges ein Warnlicht im Cockpit gegeben, das einen zu flachen Steigwinkel anzeigte. Die Folgen wären neben einer zu geringen Gipfelhöhe (und tatsächlich erreichte VSS Eve statt der erhofften 90 nur 86 Kilometer) gefährliche Auswirkungen auf den so genannten „Cone“ gewesen. Dabei handelt es sich um einen imaginären Kegel im Raum, den das Fluggerät nicht verlassen darf, soll das Energiemanagement für den antriebslosen Rückflug zum Flughafen gelingen.

Statt abzubrechen, wie es für diesen Fall vorgesehen war, lief das Triebwerk weiter bis zum Brennschluss. Dies war die Entscheidung der beiden Piloten, denn SS2 läuft analog. Es gibt an Bord keine computergestützten Entscheidungsprozesse. Und die Piloten entschieden sich dafür, den Flug fortzusetzen. Inwieweit der Umstand mitspielte, dass der Chef hinten in der Kabine saß und einen Erfolg erwartete, bleibt der Vermutung überlassen.

Immerhin, die beiden Piloten kannten ihr Fluggerät gut genug, um beurteilen zu können, was geht und was nicht. Und welche Reserven sie in Anspruch nehmen konnten. Und Reserven in Anspruch nehmen mussten sie. Für einen Zeitraum von einer Minute und 41 Sekunden flog VSS Unity deutlich unterhalb des zugewiesenen Luftraumes, wie eine unabhängige Quelle bewies. Nach 101 Sekunden kam VSS Unity zwar wieder in den so genannten „restricted airspace“ zurück, aber nur weil dieser – nun schon recht nahe am Flughafen – ab da ohnehin bis zum Boden reichte. Es war also notwendig gewesen, den Anflug so weit wie möglich zu strecken, um eine möglichst große Distanz überbrücken zu können.

Am 2. September 2021 kündigte Virgin Galactic auf seiner Homepage die Durchführung ihres ersten kommerziellen Einsatzes an. Dabei sollen drei italienische Luftwaffenangehörige Mikrogravitationsforschung betreiben. Der Flug war schon früher informell angekündigt worden, wurde hier aber insofern präzisiert, als die Namen der vollständigen Crew genannt wurden: Walter Villadel, Angelo Landolfi und Pantaleone Carlucci von der italienischen Luftwaffe, Beth Moses als Astronauten-Ausbilderin von Virgin Galactic und die beiden Piloten Mike Masucci und Frederick Sturckow. Außerdem wurde noch das ungefähre Flugdatum verkündet: Ende September.

Diese Ankündigung kam zu einem Zeitpunkt, an dem die Auswertung der FAA zum Vorfall vom 11. Juli noch lief. Die Untersuchungen der FAA wurden in der Ankündigung von Virgin Galactic in der offiziellen Ankündigung des Fluges mit keinem Wort erwähnt. In den sozialen Medien aber, hauptsächlich über Twitter, versuchte Virgin Galactic den Eindruck zu erwecken, dass diese Untersuchung eine reine Formsache sei, die so gut wie erledigt wäre.

Die Antwort der FAA ließ nicht lange auf sich warten. Noch am selben Tag stellte sie klar, dass sie die Sache keineswegs als erledigt betrachte, Virgin Galactic derzeit keine Flugerlaubnis bekommen werde und deshalb die Ankündigung ins Leere laufe.

► Hier soll kein falscher Eindruck entstehen. Ich bin keineswegs gegen den Wettbewerb zwischen Virgin Galactic und Blue Origin. Und ich bin auch nicht dagegen, dass die beiden Firmenbosse selbst bei diesen Demonstrationsflügen mit an Bord waren. Ganz im Gegenteil. Es signalisiert den Beobachtern: „Seht her, unser System ist so zuverlässig, dass wir uns ihm selbst anvertrauen. Also könnt ihr es auch tun“.

Beide Fluggeräte, so begrenzt sie in ihren Fähigkeiten auch sein mögen, sind wichtige Schritte hin zur „Sozialisierung“ der Raumfahrt. Nicht nur für „Touristen“, sondern auch für Wissenschaftler, die Mikrogravitationsforschung, Astrophysik, Astronomie und andere Fachgebiete betreiben, die man auf der Erde nun mal entweder gar nicht oder nur begrenzt wahrnehmen kann. Ein suborbitaler Flug mag kurz sein, aber er ist dafür auf absehbare Zeit um eine ganze Größenordnung billiger als ein Orbitalflug.

Bei Blue Origin hat im Übrigen das Wissenschaftbusiness schon begonnen. Schon in der Vergangenheit wurden bei Testflügen immer wieder wissenschaftliche Nutzlasten mitgeführt. Am 27. August 2021 führte ein New Shepard eine Wissenschaftsmission mit 18 kommerziellen Nutzlasten und einer Versuchsanordnung der NASA für das Anflugverfahren bei Mondlandungen durch. Diese Mission wurde unbemannt geflogen.

Bei Virgin Galactic dagegen kam es statt des Fluges für die italienische Luftwaffe erst einmal zu einer sehr langen Flugpause. Acht Monate sind es diesmal. Solange dauert die vollständige Grundüberholung des WhiteKnightTwo-Trägerflugzeugs, das in den letzten Monaten immer umfangreichere Reparaturen erforderte.

Privat in den Orbit

Die entscheidende Änderung kam mit dem Beginn der Einsätze des Crew Dragon von SpaceX. Seit es ihn gibt, stehen nun auf US-Seite wieder eigene Crew-Transportkapazitäten zur Verfügung, was es auf der anderen Seite den Russen ermöglicht, ihrerseits Plätze in den Sojus-Raumschiffen zu verkaufen, die zuvor von den westlichen Berufsastronauten in Beschlag genommen worden waren. Wenn ab etwa 2023 mit dem Boeing Starliner weitere zusätzliche Kapazität verfügbar wird, steht einem vergleichsweise breiten Wachstum der privaten orbitalen Raumfahrt nichts mehr im Wege.

Nun ist sie also da, die Stunde der kommerziellen Astronauten und Kosmonauten, von vielen etwas despektierlich als „Orbitaler Weltraumtourismus“ beschrieben. Doch das wäre ungerecht. Denn zumindest jetzt, in ihrer frühen Phase, hat fast jeder dieser Flüge eine „Mission“, einen ethischen oder kommerziellen Hintergrund, nicht viel anders als mancher der institutionellen Einsätze. Nur sind sie eben auf rein privatwirtschaftlicher Basis organisiert und bezahlt und nicht vom Staat.

Zum Zeitpunkt, an dem diese Zeilen entstehen, ist das noch alles andere als eine Massenbewegung. Doch immer häufiger begegnen uns bereits jetzt Namen von Besatzungsmitgliedern, von denen selbst ausgebuffte Raumfahrt-Nerds nie zuvor etwas gehört haben.

Von der ersten „Welle“ orbitaler Privatastronauten haben wir bereits im vorletzten Kapitel berichtet. Die zweite begann mit einer Mission, die unter der Leitung des 38-jährigen Milliardärs Jared Isaacman stand.

Dieser Flug wies eine ganze Reihe Besonderheiten auf. Zunächst steuerte er nicht die ISS an, denn es handelte sich dabei um einen Solo-Flug. Das ist zum einen eine Einengung, vor allem hinsichtlich des Platzangebotes und der Flugdauer, zum anderen gibt es aber auch ganz neue Freiheiten. So führte diese Mission auf die ungewohnte Orbithöhe von 540

Von links nach rechts: Jared Isaacman, Dr. Sian Proctor, Haley Arcenaux, Chris Sembrowski.

Kilometer. Das ist 100 Kilometer über der Bahn der ISS. Es war im Übrigen der erste Orbitalflug seit 2009, dessen Primärziel nicht die Internationale Raumstation war (seinerzeit war das eine Wartungsmission mit dem Space Shuttle zum Hubble Space Telescope).

Die Privatcrews setzen viel Geld ein. Da braucht es ein Programm und einen Programmnamen, um das Ganze auch ideell zu unterstützen. Bei Jared Isaacman und seinen Mitstreitern hieß das Motto „Inspiration4“ und war im Grunde eine riesige Sponsoring-Kampagne für die St. Jude-Kinderklinik in Memphis, Tennessee. Dieses Institut ist führend in der weltweiten Leukämie-Forschung bei Kindern. Behandlungen dort sind kostenlos, was bedeutet, dass die Klinik ausschließlich von Spenden und Stiftungen lebt.

Die Inspiration4-Crew (siehe Tabelle auf Seite 41 links unten) flog mit dem Crew Dragon „Resilience“. Das war dieselbe Raumkapsel, mit der bereits die Crew 1-Mission erfolgte, der erste reguläre Einsatz eines Crew Dragon zur ISS, seinerzeit mit den Astronauten Michael Hopkins, Victor Glover, Soichi Noguchi und Shannon Walker. Die verblieben damals für 139 Tage in der Internationalen Raumstation. Die Resilience wurde von SpaceX überholt und mit einem ganz besonderen

Crew Dragon „Resilience“ vor dem Start, bereits mit der Rakete integriert.

Feature ausgerüstet: Einer Art Cupola, ähnlich wie auf der ISS, nur „en miniature". Die Namen der Crew-Mitglieder sind in der kleinen Tabelle links unten auf dieser Seite genannt.

Wenn wir uns diese Personen etwas genauer ansehen, dann erkennen wir sehr gut, wie Besatzungen von „Privatastronauten" heute zusammengesetzt sind. Jared Isaacman verdient sein Geld unter anderem als Gründer und CEO des Zahlungsdienstleisters Shift4Payments. Er ist ein erfahrener Pilot mit Lizenzen für eine ganze Reihe von Militärjets. Sein Unternehmen Draken International besitzt die wahrscheinlich größte Flotte an Kampfjets außerhalb einer regulären Luftwaffe (er besitzt unter anderem eine MIG 29 und zwei Alphajets).

Hayley Arecenaux ist eine ehemalige Patientin des St. Jude-Hospitals und arbeitet jetzt dort als medizinische Assistentin. Sie wurde mit dieser Mission zum einen die jüngste Amerikanerin (sie ist 28), die jemals in den Weltraum flog, und zum anderen der erste Mensch, der mit einer Prothese in den Weltraum fliegt (sie trägt, wegen ihrer Knochenkrebs-Erkrankung als Kind, eine Knie- und Oberschenkelknochen-Prothese). Ihr Bruder und ihre Schwägerin sind übrigens beide Luft- und Raumfahrtingenieure, eine gewisse Prägung war also von daher schon vorhanden. Die anderen beiden „Passagiere" sind die Geowisschaftlerin Dr. Sian Proctor und der Luftfahrtingenieur Chris Sembrowski, die ihre beiden Plätze durch unterschiedliche Initiativen erhalten haben.

Ihr Flug verlief zwischen dem 16. und 18. September 2021 fast genau nach Plan. Er war nur für drei Tage Dauer geplant, länger wäre es den vier Personen in der relativ engen Kapsel auch nicht zuzumuten gewesen.

Über den Preis der Mission wurde Stillschweigen bewahrt, er dürfte aber irgendwo zwischen 150 und 200 Millionen Dollar betragen haben, die Jared Isaacman aus seinem Privatvermögen bezahlte. Durch die PR-Aktionen um diese Mission herum wurden Spenden in Höhe von etwa 240 Millionen Dollar für das St. Jude-Krankenhaus eingesammelt. Die größten Einzelspenden kamen dabei von Jared Isaacman selbst (100 Millionen) und von Elon Musk (50 Millionen). Der Rest teilt sich auf tausende kleinerer Einzelspenden auf.

Inspiration 4

Name	Funktion an Bord
Jared Isaacman	Unternehmer/Kommandant
Sian Proctor	Wissenschaftlerin
Hayley Arecenaux	Medical Officer
Chris Sembrowski	Ingenieur

Jared Isaacman in einem Mock-up der Cupola des Crew Dragon „Resilience".

Nur wenige Wochen nach der Crew von Inspiration4 waren schon die nächsten Privatastronauten unterwegs. Diesmal in beruflichem Auftrag und damit eher in einer Grauzone zwischen institutioneller und privater Raumfahrt. Ihr Einsatz beruhte auf einer Kooperation der russischen Raumfahrtagentur Roskosmos mit dem Fernsehsender „Perwy Kanal" (Channel One). Es ging darum, Szenen auf der ISS für die weibliche Hauptrolle in einem Spielfilm zu drehen.

Als Protagonistin wurde aus 3.000 Bewerberinnen Julia Peressild ausgewählt. Begleitet wurde sie von Regisseur und Kameramann Klim Schipenko. Neben den künstlerischen Aspekten spielte dabei auch das Erfüllen der medizinischen Voraussetzungen eine Rolle. Die Vorbereitungen auf diese Mission dauerten nur etwa fünf Monate anstatt der sonst üblichen eineinhalb bis zwei Jahre. Nachdem Peressild und Schipenko bei Start und Landung funktionslose Passagiere sind, musste die Sojus auf „Ein-Personen-Betrieb" mo-

Die Inspiration4 Crew in der „Resilience". Von links: Chris Sembrowski, Sian Proctor, Jared Isaacman und Hayley Arcenaux.

difiziert werden, damit sie von Kommandant Anton Schkaplerow alleine geflogen werden konnte.

Auf der ISS drehten sie dann Aufnahmen für den Film „Die Herausforderung", hauptsächlich im russischen Segment der Station, aber auch in der Cupola, die zum westlichen Teil der ISS gehört. Die übrigen Mitglieder der Station nahmen dabei Statistenrollen wahr.

Sojus MS-19 (Startcrew)	
Name	**Funktion an Bord / Beruf**
Anton Schkaplerow	Kommandant
Julia Peressild	Schauspielerin
Klim Schipenko	Kameramann / Regisseur

Die Mission verlief plangemäß und Schipenko und Peressild kehrten nach knapp zwölf Tagen wieder zur Erde zurück. Den Rückflug – in Sojus MS-18 – steuerte Oleg Nowitzki, ein weiterer Berufskosmonaut, der zuvor schon seit dem 9. April 2021 auf der ISS gewesen war. Die Sojus MS-19 wird Schkaplerow erst am 28. März 2022 zurück zur Erde bringen. Zum Zeitpunkt, an dem diese Zeilen entstanden, war er noch im Orbit.

Generell wird bei diesem wie bei allen zukünftigen kommerziellen Flügen zur ISS, gleich ob in einem US-Raumschiff oder einer russischen Sojus-Kapsel, immer ein professioneller Kosmonaut oder Astronaut mitfliegen.

Der durch die Reibungshitze beim Wiedereintritt etwas angeschmorte Crew-Dragon „Resilience“ landete im Golf von Mexico.

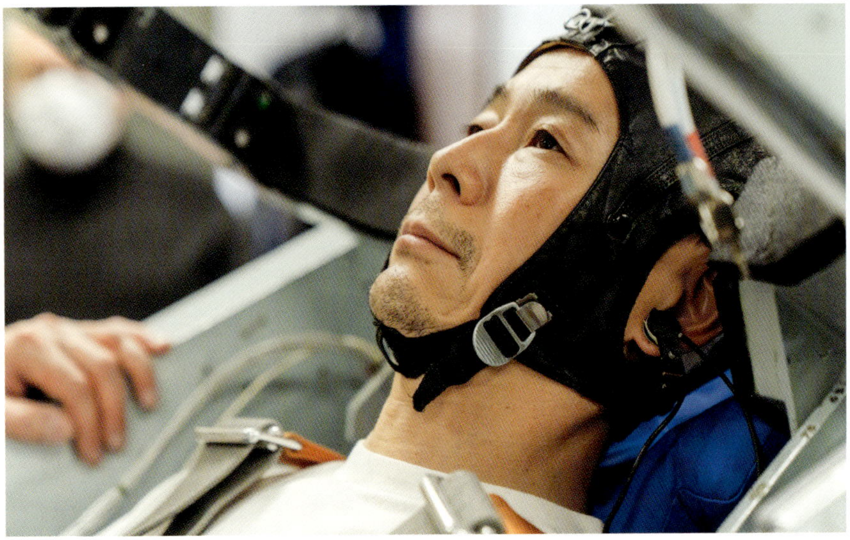

Yasuku Maezawa in Moskau beim Zentrifugentraining.

► Raumfahrtverrückte Milliardäre gibt es gar nicht wenige. Manche von ihnen, wie Jeff Bezos oder Elon Musk, entwickeln und bauen Raumschiffe. Andere erfüllen sich mit ihrem Geld Jugendträume und fliegen selbst in den Weltraum. So wie der japanische Unternehmer und Kunstsammler Yusaku Maezawa. Er ist vor allem dafür bekannt, dass er bei SpaceX einen Mondflug mit dem Starship gebucht und dafür bereits eine unbekannte Summe, aber sicher in der Größenordnung von einigen hundert Millionen Dollar, als Vorkasse verauslagt hat. Für diesen Betrag bekommt er eine sechstägige zirkumlunare Mission geboten, die ihn einmal um den Mond herum und wieder zur Erde zurückführt. Kapitel 17 berichtet darüber.

Damit ihm bis dahin nicht langweilig wird, „kaufte" er sich zwischenzeitlich bei Roskosmos einen Orbitalflug. So kann man es wohl nennen, denn die Mission von Sojus MS-20, die am 8. Dezember 2021 begann, war komplett seine. In dieser Sojus wäre eigentlich noch ein zweiter Sitz für einen Gastkosmonauten frei gewesen, doch Maezawa hat diesen Platz gleich mit bezahlt, und ihn mit Yozo Hirano besetzt, einem japanischen Filmproduzenten, der die ganze Mission dokumentieren soll.

Der Kommandant des Raumschiffes war auch hier, wie schon bei Peressilds und Schipenkos Mission ein Karriere-Kosmonaut, in diesem Fall Alexander Misurkin.

Es geschah bei diesem Einsatz zum ersten Mal, dass zwei Japaner gleichzeitig in den Orbit flogen. Dieser Einsatz erfüllte wohl noch am ehesten die Kriterien einer „Touristenmission", denn Maezawa und Hirano hatten keine andere bekannte Funktion an Bord, als sich gegenseitig zu filmen und die Erde zu betrachten. Der Flug dauerte elfeinhalb Tage. Am 19. Dezember waren alle drei wieder zurück auf der Erde. Für Kommandant Misurkin war es der dritte Einsatz zur ISS. Der Flug hat Maezawa offenbar so gut gefallen, dass er gleich eine weitere Mission gebucht hat. Die soll 2023 erfolgen und dieses Mal will er dabei ein Außenbordmanöver unternehmen.

Sojus MS-20	
Name	**Funktion an Bord/Beruf**
Alexander Misurkin	Kommandant
Yasuku Maezawa	Unternehmer
Yozo Hirano	Produktionsassistent

► Als nächster privater Orbitalflug stand bei Drucklegung dieses Buches eine Mission mit der Bezeichnung „SpaceX Axiom-1" kurz bevor. Dies wird der erste einer ganzen Reihe von Flügen sein, die von Axiom Space organisiert werden. Wir werden diesem Unternehmen in Kapitel 14 noch einmal begegnen.

Nur so viel vorab: Axiom Space lässt auch eigene Raumstationsmodule bauen. Die erste dieser Einheiten wird aber

Space X-Axiom 1	
Name	**Funktion an Bord/Beruf**
Michael Lopez-Allegria	Kommandant
Larry Connor	Unternehmer
Mark Pathy	Investor
Eytan Stibbe	Unternehmer

nicht vor Ende 2024 einsatzbereit sein. Bis dahin ist Axiom Space auf den institutionellen Modulen der ISS zu Gast. Ein erster dieser Flüge war für Ende März 2022 terminiert. Die Namen der Besatzungsmitglieder zeigt die Tabelle auf Seite 44 unten.

Den professionellen Teil wird Michael Lopez-Allegria abdecken, der schon viermal im Weltraum war und dort unter anderem 202 Tage als Kommandant auf der ISS zugebracht hat. Stibbe und Connor haben jeweils große fliegerische Erfahrung. Ersterer war früher Kampfpilot in der israelischen Luftwaffe, Connor hat einen Hintergrund als Aerobatik-Pilot und privater Tiefseeforscher. Die vier werden etwa zehn Tage auf der Internationalen Raumstation zubringen.

► Die vier bisher genannten Missionen sind fest geplant und haben teilweise schon Startdaten zugewiesen bekommen. Doch welche Missionen stehen zum Zeitpunkt, an dem diese Zeilen entstehen, noch in der Warteschlange?

Zunächst einmal ist die Mission SpaceX Axiom 2 fest in Planung, mit einem Termin, der etwa bei Ende Oktober 2022 liegt. Die Crew steht wohl schon fest, bekannt gemacht wurden bis zum 15. März 2022 aber nur zwei Positionen. Auch diese Mission wird etwa zehn Tage dauern. Geleitet wird der Einsatz von Peggy Whitson, die in ihrer NASA-Zeit zweimal Kommandantin der ISS war und die den US-Rekord für die kumulierte Aufenthaltsdauer im Weltraum hält.

► Die Anfragen bei Axiom Space übertreffen dieses doch sehr begrenzte Angebot deutlich. Von US-Seite sind momentan aber nicht mehr als eine bis zwei Missionen pro Jahr zur ISS erlaubt, um dort den regulären Betrieb nicht zu sehr zu stören. Wie viele Flüge die Russen zulassen, deren Gäste sich hauptsächlich im russischen Segment aufhalten werden, ist nicht bekannt, aber es könnten ebenfalls eine bis zwei pro Jahr sein. Billig ist der Spaß nicht, die einzelnen Sitze an Bord dürften jeweils etwa 50 Millionen Dollar kosten. Das begrenzt die Nachfrage. Die Firma Space Adventures, welche die Orbitflüge vermittelt, die mit russischen Raumschiffen laufen, geht davon aus, dass die Nachfrage um ein Mehrfaches steigen wird, sollten die Preise auf etwa 20-30 Prozent des derzeitigen Wertes sinken.

Für Sojus MS-23 ist im Oktober 2022 jedenfalls die nächste russisch organisierte Mission mit zwei „Privatkunden“ vorgesehen. Mit einer erheblichen Ausweitung der Belegungsdauer, denn diese beiden Personen sollen sechs Monate an Bord der Station verbringen. Wie weit die Ereignisse im Zusammenhang mit dem Ukraine-Krieg dies aber zulassen, steht zum Zeitpunkt, an dem diese Zeilen enstehen noch in den Sternen.

► Noch mehr Privatflüge sind bis etwa 2025 nur möglich, wenn es sich um reine Solo-Missionen handelt. Dafür ist SpaceX gut aufgestellt und hat einen kompetenten Partner gefunden.

Space X-Axiom 2

Name	Funktion an Bord / Beruf
Peggy Whitson	Kommandantin
John Shoffner	Unternehmer
Noch unbekannt	unbekannt
Noch unbekannt	unbekannt

Die Polaris Dawn-Crew. Von links: Jared Isaacman, Anna Menon, Sarah Gillis und Scott Poteet.

Niemand anders als Jared Isaacman, der bereits die „Inspiration4"-Mission durchführte. Der orderte nun drei weitere Flüge. Zwei davon werden mit dem Crew Dragon stattfinden, einer soll der erste bemannte Einsatz des Starship werden.

Der besondere Anreiz solcher Missionen sind Bahnen, die mit regulären „institutionellen" Flügen nicht erreicht werden.

Space X Polaris Dawn	
Name	**Funktion an Bord / Beruf**
Jared Isaacman	Unternehmer / Kommandant
Scott Poteet	Ingenieur
Sarah Gillis	Ingenieurin (bei SpaceX)
Anna Menon	Ingenieurin (bei SpaceX)

Polare Bahnen etwa oder Flüge in größere Höhen. Oder, wie Jared Isaacman es bei seinem nächsten Abenteuer plant, auch Außenbordmanöver. Die erste dieser drei Missionen, sie trägt die Bezeichnung „Polaris Dawn", soll bereits Ende 2022 stattfinden. Dafür muss SpaceX aber erst einen eigenen Raumanzug entwickeln, der für Außenbordmanöver geeignet ist. Die Crew, die Isaacman dafür zusammengestellt hat, ist in der Tabelle links aufgelistet.

► Neben diesen Soloflügen, bei denen es gewiss auch um neue Rekorde in der bemannten Raumfahrt geht, liegt die Zukunft aber in den Besuchen privater Raumstationsmodule oder gleich ganzer privater Raumstationen. Sei es für Forschung, Entwicklung, Produktion und Freizeit. Die Kapitel 13 und 14 werden solche Einrichtungen beschreiben.

Während der Polaris Dawn-Mission soll auch ein Außenbordmanöver erfolgen (grafische Darstellung).

Starship – Revolution im All

Am Abend des 28. September 2019 präsentierte der Mehrheitseigentümer und CEO von SpaceX, Elon Musk, am SpaceX Test- und Entwicklungszentrum in Boca Chica in Südtexas vor Journalisten und geladenen Gästen erstmals öffentlich das Starship. Noch kein flugfähiges und weltraumfestes Einsatzgerät, aber immerhin einen beeindruckend aussehenden Prototypen.

Starship: Das Raumschiff der nächsten Generation. Vollständig wiederverwendbar, geeignet für orbitale, lunare und interplanetare Missionen und ausgestattet mit immenser Nutzlastkapazität und Frachtvolumen. Die Fertigungstechnik ist revolutionär für die Raumfahrt und orientiert sich eher am traditionellen Flugzeugbau. Das Starship soll in wenigen Jahren die Falcon 9 ablösen, die ohnehin schon die Speerspitze der weltweiten Raketenentwicklung darstellt.

Was man bei dieser Veranstaltung hinter der Bühne aufragen sah, war ein erstes, noch relativ grob aussehendes Mockup der zukünftigen Starship-Oberstufe. Sie gibt auch dem Gesamtsystem aus Oberstufe und Booster den Namen. Die Boosterstufe für sich alleine trägt die Bezeichnung „Super Heavy".

Entwicklung und Bau dieser ersten Testeinheit gingen so schnell voran, dass sie im Freien montiert werden musste. Die Errichtung von Hangars und Hallen kam einfach nicht mehr hinterher. Allein dadurch wirkte das Ganze eher wie Schiffbau als die Konstruktion eines neuen, supermodernen Raumschiffes. Die Parallele ist auch in anderer Hinsicht durchaus angebracht, denn das Raumfahrzeug besteht einfach aus schlichtem rostfreiem Stahl. Hightech-Baustoffe wie teures Titan oder Kohlefaser-Verbundwerkstoffe kommen bei SpaceX im Zellenbau des Starship nicht mehr zum Einsatz. Stahl ist gut und gut genug. Elon Musk setzt bei den Starships auf eine einzigartige Kombination aus Low-Tech-Lösungen mit High-Tech-Details. Wenn etwas zu komplex wird, wird es „de-designed", wie er es nennt. „Herunterkonstruiert".

Das Starship-Raumschiff, das ja lediglich die Oberstufe der Gesamtkombination darstellt, ist schon für sich riesig. Es hat einen Durchmesser von neun Metern und ist 50 Meter hoch. Die Trockenmasse beträgt etwa 120 Tonnen, das maximale Startgewicht wird bei etwa 1.500 Tonnen liegen. Die Differenz entfällt auf Nutzlast und vor allem Treibstoff. Der besteht aus Methan und flüssigem Sauerstoff. Von letzterem ungefähr dreieinhalb Mal so viel wie vom Methan. Das Nutzlastvolumen beträgt schier unglaubliche 825 Kubikmeter. Das ist fast so viel Platz wie in der kompletten ISS. Das Starship, gemeint ist hier wieder die Oberstufe, wird in den frühen Versionen von sechs Raptor-Triebwerken angetrieben, in späteren Varianten von neun. Drei davon sind für den Betrieb auf Meereshöhe optimiert, die anderen drei (später sechs) für den Vakuum-Betrieb im Weltraum ausgelegt.

Dieses an sich schon gewaltige Raumschiff startet bei seinen Einsatzflügen an der Spitze eines voll wiederverwendbaren Mega-Boosters, der so genannten „Super Heavy". Er ist 70 Meter hoch, verfügt wie das Starship über einen Durchmesser von neun Metern, ein Startgewicht von etwa 3.800 Tonnen und wird in der Serienversion von 33 Raptor-Triebwerken angetrieben. Nur die erste orbitale Testeinheit verfügt über „lediglich" 29 Raketenmotoren.

Ähnlich wie heute die erste Stufe der Falcon 9 wird auch die Super Heavy ihre Nutzlast – in diesem Fall also das Starship – auf eine Höhe von 60 bis 80 Kilometer bei einer Geschwindigkeit von 6.000 bis 7.000 Kilometer pro Stunde transportieren. Mit dieser Startunterstützung kann das Starship dann nicht nur sich selbst, sondern auch bis zu 150 Tonnen Nutzlast in den Orbit bringen

Zusammen wird die Kombination aus Super Heavy und Starship beim Start über 5.000 Tonnen wiegen und etwa 120 Meter hoch sein. Sie wird damit die Saturn V als bis heute größte Rakete der Welt weit hinter sich lassen. Und noch eines kann man jetzt schon prophezeien: Ein Start dieses Be-

Starhopper: Der „fliegende Wasser-turm“. Hier bei seinem dritten und letzten Testflug, am 27. August 2019, der bis in 150 Meter Höhe führte und etwa eine Minute dauerte.

Der Starship SN 5-Prototyp unmittelbar vor dem Aufsetzen.

Der einzige Flug des Starship SN 5 am 4. August 2020 dauerte etwa 45 Sekunden und führte ebenfalls in eine Höhe von etwa 150 Meter. Start- und Landestelle lagen dabei einige hundert Meter auseinander.

Landung eines Starship-Prototypen.

hemots wird akustisch dem Weltuntergang ziemlich nahekommen. Die Landung sowohl von Starship als auch der Super Heavy soll im Übrigen zentimetergenau auf der gleichen Rampe erfolgen, von der die Superrakete zuvor gestartet war.

► Das allererste Testvehikel, sozusagen die „Keimzelle" aller Starships, trug die Bezeichnung „Starhopper". Ein Fluggerät, das wie purer Steampunk aussieht. Die Leute von SpaceX bezeichneten ihn auch scherzhaft als den „Fliegenden Wasserturm". Der Name kam nicht von ungefähr, denn beim „Starhopper" handelt es sich tatsächlich um eine klobige Stahlstruktur in der Form eines großen Wasserturms, wie er für die Südstaaten der USA typisch ist. Dieses Testmodell diente dazu, den Tankdesign des Vehikels zu überprüfen, die Funktion des neu entwickelten Raptor-Triebwerks erstmals im Flug zu testen und die Flugsteuerungssoftware erstmals zu erproben. Damit wurden am 26. Juli und am 27 August 2019 zwei erfolgreiche Flüge bis in 150 Metern Höhe und von etwa einer Minute Dauer durchgeführt. Dem ersten Flug waren drei statische Brennläufe vorausgegangen, bei denen der Starhopper jeweils von Klammern auf dem Boden festgehalten wurde.

Dem folgten am 4. August und am 3. September 2020 zwei Flüge mit Testgeräten der zweiten Generation, den SN 5 und SN 6 (SN = Starship Number). Diese beiden Vehikel waren bereits komplexer als der recht einfach gehaltene „Fliegende Wasserturm". Sie wurden mit jeweils drei Raptor-Triebwerken ausgerüstet. Ihre beiden Einsätze dauerten jeweils etwa eine Minute und führten bis in 150 Meter Höhe. SN 7 war kein Fluggerät, sondern nur ein Tank, der bis zur Zerstörung getestet wurde.

Die Starship-Prototypen SN 09 (rechts) und SN 10 warten auf ihren Einsatz. Rechts ist auch noch der „Fliegende Wasserturm“ zu sehen, der zu diesem Zeitpunkt tatsächlich schon zum stationären Wasserturm umgerüstet worden war.

Zwischen dem 9. Dezember 2020 und dem 30. März 2021 kamen die Prototypen der dritten Generation zum Einsatz, die SNs 8 – 11. Mit ihnen wurden erstmals komplexe Manöver geflogen, wie der so genannte „Bellyflop“, bei dem sich das Vehikel im Landeanflug in eine horizontale Lage begibt, um größtmöglichen Vorteil aus der atmosphärischen Abbremsung zu ziehen. Dieses Manöver muss unmittelbar vor dem Aufsetzen wieder umgekehrt werden. Das heißt, das Vehikel muss sich wieder in eine vertikale Position begeben, um die raketengestützte Landung durchzuführen. Für diese Manöver ist es auch nötig, die Triebwerke zunächst abzustellen und dann erneut zu zünden.

Diese Testeinsätze gingen bis in zwölf Kilometer Höhe und dauerten jeweils zwischen sechs und achteinhalb Minuten. Drei der vier Versuche endeten entweder als Teilerfolg (das Vehikel führte jeweils alle Testparameter bis auf das Aufsetzen erfolgreich durch) oder als Fehlschlag (Explosion bereits in der Luft oder bei der Landezündung). Beim Flug mit dem SN 10 gelang auch die Landung. Jedoch war das Aufsetzen wegen eines mechanischen Fehlers an einigen der Landebeinen und einer etwas ungenügenden Leistung des Landetriebwerks so hart, dass es zu Beschädigungen führte, die dann einige Minuten nach der aufrechten Landung doch noch zu einer Explosion des Testvehikels führten.

Starship SN 15 startet zum ersten und einzigen Testflug. Der verlief vollständig erfolgreich.

Der erste und einzige Flug des Prototypen SN 15 verlief dagegen am 5. Mai 2021 vollständig erfolgreich. Dies führte zu dem mutigen Entschluss, danach gleich mit der gesamten Trägerkombination einen teilorbitalen Versuchsstart zu unternehmen, den „Starship-Testflug nach Hawaii". Zum Zeitpunkt, an dem diese Zeilen entstehen, hat er allerdings noch nicht stattgefunden. Das ist weniger der Technik bei SpaceX geschuldet, die wäre inzwischen bereit, sondern den Genehmigungsbehörden. Das sind die FAA und die US-Umweltschutzbehörde, die ihre abschließenden Bewertungen noch nicht veröffentlicht haben.

► Die Testphilosophie von SpaceX ist, wie Elon Musk es selbst bezeichnet, „hardware-rich" angelegt. Es gibt also viel zu testende Hardware und es wird von Anfang an geflogen. Testen und fliegen ist hier die Devise. Die klassischen Aerospace-Firmen machen das vollständig anders. Sie testen zunächst nur auf Komponenten- und maximal Subsystem-Ebene. Eines Tages dann, meist viele Jahre nach Programmstart, erscheinen sie dann mit einem komplett fertigen Produkt auf der Startrampe.

SpaceX pflegt seit Anbeginn des Unternehmens eine iterative Vorgehensweise, wie sie in der „klassischen" Raumfahrt nur in ihren allerersten Anfängen betrieben wurde. Geflogen wird bereits im frühestmöglichen Stadium, auf einfachen, manchmal rohen Prototypen und mit so genannten „Boilerplates", die mit dem Endprodukt häufig nur noch annähernd die äußere Form gemeinsam haben, und manchmal nicht einmal das, wie das Beispiel des „Starhopper" zeigt.

Dieses Vorgehen ist schon deshalb notwendig, weil SpaceX seinen Konkurrenten inzwischen so weit vorausgeeilt ist, dass das Unternehmen überall absolutes Neuland betritt. Es sind technische Regionen, wo sich noch nirgendwo ein „klassisches" Vorgehen etabliert hat, wo es nirgendwo vorhergehende Erfahrungen und Lehrbücher gibt. So ist hier die Entwicklung durch „Versuch und Irrtum" die Devise.

SpaceX baut deshalb Erprobungsträger am laufenden Band. Und verschrottet sie auch wieder, wenn sie nicht länger benötigt werden. Selbst dann, wenn sie noch gar nicht geflogen sind. Oberstes Prinzip dabei ist: Niemals knapp an Flugtest-Hardware werden.

Zunächst baute SpaceX für die Starship-Entwicklung insgesamt vier so genannte „Starhopper", die für Bodentests und kleine Testflüge bis in 150 Meter Höhe verwendet wurden. Spätere Geräte, wie etwa die SN 7, flogen gar nicht. Dieses Gerät wurde bei Bodenversuchen – absichtlich – bis zur Zerstörung geprüft. Den Einsatz der SNs 8-11 haben wir bereits eingangs beschrieben. Die bereits teilweise fertiggestellten SNs 12-14 wurden wieder verschrottet, weil mit SN 15 aufgrund der Erfahrungen der vorausgegangenen Flüge bereits eine verbesserte Einheit hergestellt wurde. Dieses Modell war – wir haben es oben gesehen – auf Anhieb erfolgreich. SN 16 war da schon fertiggestellt und wurde deshalb ebenso wieder verschrottet wie die schon fertigen Komponenten für die SNs 17-19.

Das Vorgehen bei den „Super Heavies" ist ähnlich. Die BNs 1 – 3 (BN = Booster Number) waren reine Bodentestgeräte und sind inzwischen schon wieder demontiert und der Stahlschmelze zugeführt. BN 4 wird die erste raumflugtaugliche Super Heavy sein. All das führt zur (derzeit wahrscheinlichen) Erstflug-Kombination für den „Hawaii-Express" von Starship SN 20/Super Heavy BN 4. Nachdem sich die Flüge aufgrund der fehlenden Genehmigungen verzögern, baut SpaceX jedoch unverdrossen weitere Hardware. Zum Zeitpunkt, an dem diese Zeilen entstehen, sind bereits Starship SN 21/Super Heavy BN 5 komplett fertig und drei weitere sind in fortgeschrittenem Bauzustand. Da es sich um jeweils verbesserte Modelle handelt, ist es gut möglich, dass der Erstflug mit SN 21 und BN 5 erfolgt und, Sie ahnen es sicher schon, SN 20 und BN 4 verschrottet werden.

► Wann wird nun der erste orbitale Testflug stattfinden und wie wird der Flugverlauf aussehen? Zunächst einmal geht es nicht so schnell, wie Elon Musk es gerne hätte, denn die erforderlichen Genehmigungen von FCC (Federal Communications Commission), der FAA (Federal Aviation Administration) und der US-Umweltschutzbehörde stehen bei Redaktionsschluss immer noch aus. Die Institutionen lassen sich nun schon ganz schön lange Zeit, diese beizubringen, denn immerhin hat SpaceX den Antrag bereits im Mai 2021 gestellt. Wie so oft bei Anträgen von SpaceX zeigen sich auch dieses Mal die Behörden komplett überfordert. Wir in Deutschland kennen das ja vom Tesla-Bauplatz in Grünheide bei Berlin.

Es ist aber zugegeben auch nicht ganz simpel beim Erstflug einer fünftausend Tonnen schweren Rakete, der zu drei Viertel um den Erdball herumführen soll. Die Mission der Kombination aus Starship und Super Heavy wird in Boca Chica beginnen, an der brandneuen kombinierten Startrampe und Einfangvorrichtung. Die Super Heavy wird für diesen Flug nur mit 29 Triebwerken ausgerüstet sein, anstatt mit 33, wie bei den späteren „normalen" Einsätzen.

Dem Flug sind bereits einige so genannte „Static Firings" vorausgegangen. Brennläufe, bei denen die Rakete auf dem Startsockel festgehalten wird. Der erste dieser statischen Brennläufe erfolgte nur mit der Starship-Oberstufe und nur unter Einsatz einiger weniger Triebwerke. Danach wurde das gesteigert, bis beim letzten dieser Probezündungen alle Triebwerke für wenige Sekunden gleichzeitig liefen. Gleichzeitig gezündet werden sie übrigens nicht, sondern in einer genau choreografierten, nur wenige Hundertstelsekunden auseinanderliegenden Abfolge, um gefährliche Resonanzen zu unterbinden.

Das „Stacking“ von Starship SN 20 mit Super Heavy BN 04 beginnt.

Ein fast schon ikonisches Bild: Starship SN 20 und BN 04 werden miteinander verbunden.

All das sind extrem kritische Momente, denn beim Betrieb so vieler Raptor-Triebwerke tut sich ein Höllenfeuer auf. Nie seit den Tagen der Saturn V hat es je einen solchen feuerspeienden Vulkan auf einer Startrampe gegeben. Wenn dann beim tatsächlichen Start alle Triebwerke laufen, dann wird der Gesamtschub doppelt so groß sein wie seinerzeit beim Start zu den Apollo-Mondflügen. Mit den dabei ablaufenden thermodynamischen Prozessen befindet sich SpaceX, wie schon so oft in seiner Geschichte, wieder einmal in absolutem Neuland.

Elon Musk erklärte in einem Interview im August 2021, er hoffe, dass die Rakete zumindest den Startplatz in geordnetem Zustand verlässt, bevor es zu einem möglichen „RUD" kommt. Ein RUD ist in seiner manchmal etwas selbstironischen Terminologie eine „Rapid Unscheduled Disassembly", also eine schnelle ungeplante Demontage, für gewöhnlich auch „Explosion" genannt.

Wenn der Rakete so etwas schon kurz nach dem Abheben passiert, ist das nicht schön. Richtig schlimm wäre es aber, wenn es noch auf der Rampe geschieht. Denn die „Stufe Null", wie Elon Muks den Startplatz gerne bezeichnet, ist wesentlich teurer und komplizierter als die Rakete selbst. Ein neues Starship herzustellen sei zwar auch nicht billig, so meint er, aber immer noch viel günstiger und weniger zeitaufwendig, als eine völlig zerstörte Startanlage neu zu errichten.

Gehen wir davon aus, dass die Rakete den Startsockel sicher verlassen hat. Nun folgt der Aufstieg in die Stratosphäre. Zunächst vertikal, dann immer mehr nach Südosten hin geneigt. In etwa 12.000 – 16.000 Meter durchfliegt der Träger einen sehr kritischen Bereich: Die Zone der maximalen dynamischen Belastung. Die Rakete absolviert hier den Übergang vom transsonischen zum supersonischen Geschwindigkeitsbereich. Dabei treten Schockwelleneffekte auf, starke aerodynamische Turbulenzen und vor allem ein enormer Staudruck, der auf die Struktur der Rakete drückt. Diese Zone, von den Raumfahrttechnikern „max q“ genannt, war schon das Grab so mancher Rakete, insbesondere bei ihren ersten Testflügen. Hier passiert vieles, was sich nicht mit letzter Gewissheit berechnen oder auf dem Boden modellieren lässt. Hier treten Vibrationen auf, es entstehen Resonanzeffekte und ganz generell zeigt sich hier, was eine Rakete aushält.

Ist auch das überstanden, dann könnte der Flug ruhiger werden. Bis etwa 150 – 170 Sekunden nach dem Liftoff. Dann erfolgt die Stufentrennung. Die Kombination ist nun etwa 6.500 Kilometer pro Stunde schnell und bewegt sich in einer Höhe von etwa 60 Kilometern über dem Golf von Mexiko. Hier hat sich SpaceX ein völlig neues Verfahren ausgedacht, um den Betrieb pyrotechnischer Vorrichtungen oder vorgespannter Federmechanismen zu vermeiden, über deren Auswirkungen bei so immens großen Körpern wenig bekannt ist. Die ganze Starship-Kombination wird in eine leichte Drehung versetzt und die beiden Komponenten trennen sich sanft und langsam voneinander. Die Stufentrennung wird damit etliche Sekunden länger dauern, und weniger dynamisch und explosiv ablaufen, als das sonst bei Orbitalraketen der Fall ist.

Ist der Vorgang abgeschlossen, dann zünden zunächst die sechs (oder neun) Raptor-Triebwerke des Starship und der weitere Aufstieg in den Orbit wird fortgeführt. Nur Sekunden später dreht sich die Super Heavy und zündet drei bis sechs ihrer 29 Triebwerke, um den Rückflug zum Startplatz einzuleiten. In einer weiten Parabel erreicht die 70 Meter lange Stufe nach einigen Minuten das Apogäum ihrer ballistischen Bahnkurve in etwa 110 Kilometern Höhe und fällt dann wieder der Golfküste vor Boca Chica entgegen. Nach etwa sieben Minuten beginnt der „re-entry burn“, ein Brennmanöver, mit dem die Geschwindigkeit soweit herabgesetzt wird, dass die thermischen und dynamischen Belastungen beim finalen Landemanöver nicht zu groß werden.

Das „Stacking“ ist abgeschlossen.

Etwa 30 Sekunden vor dem Aufsetzen beginnt der „landing burn". Ein Brennmanöver, bei dem zunächst noch drei, danach nur noch ein Triebwerk eingebunden ist. Im Normalfall würde die Super Heavy zum Startplatz zurückkehren. Der „Booster-Touchdown" sollte etwa achteinhalb Minuten nach dem Liftoff erfolgen.

Bei diesem allerersten Flug wird ihre Mission aber nicht dort enden. Aus Sicherheitsgründen erfolgt der Landeversuch etwa 30 Kilometer vor der Küste von Boca Chica im Wasser. Diese erste Super Heavy ist somit als Verlustgerät geplant.

Die Rakete wird, wenn sie eine halbwegs saubere Landung hinlegt, schwimmfähig sein (sie hat ja riesige und nunmehr leere Tanks) und kann dann geborgen werden. Allerdings nicht für den Zweck, weitere Flüge durchzuführen, dazu werden die Schäden zu groß sein.

In der Zwischenzeit setzt die Oberstufe, also das eigentliche Starship, seinen Flug fort. Er verläuft in Richtung Florida-Straße, wo sie zwischen den Florida Keys und Kuba hindurchfliegt und etwa an dieser Stelle auch die Umlaufbahn erreicht. Für gut zehn Minuten wird das Starship nun im Orbit verbleiben, bis über dem Südatlantik die Retro-Zündung erfolgt.

Die Landung wird etwa 100 Kilometer nordwestlich von Kaui erfolgen, einer Insel, die zum Hawaii-Archipel gehört. Sollte auch die erfolgreich verlaufen, dann könnte auch die Oberstufe aus dem Wasser geborgen werden, wenn auch nicht mehr in flugfähigem Zustand. Das Starship sollte seinen Flug ziemlich genau 90 Minuten nach dem Liftoff beendet haben, sofern die Dinge nach Plan verlaufen.

Die ganze Mission wird fast vollständig über Wasser erfolgen, auch das ist eine Sicherheitsmaßnahme. Land wird lediglich über Namibia und Botswana und später im Flug über Papua Neuguinea berührt. In etwa 100 Kilometer Abstand wird auch das Kwajalein-Atoll passiert, das über exzellente Trackingvorrichtungen des US-Militärs verfügt. Das könnte die Landephase des Starship im Zentralpazifik unterstützen.

► Das erste vollständige Starship ist ein Verlustgerät. Das ist zwar teuer, aber verständlich angesichts des frühen Stadiums

Starship SN 20 und BN 04. Die Sicht vom Start- und Fangturm.

der Entwicklung und dem technologischen Neuland, das dabei betreten wird. Keinesfalls will SpaceX die teuren Anlagen in Boca Chica gefährden, wenn möglicherweise eine außer Kontrolle geratene Super Heavy in den Start- und Fangturm kracht.

„Fangturm"? Sie werden sich fragen, was das ist. Das revolutionäre Landeverfahren für die Super Heavy und das Starship, das sich Elon Musk und seine Ingenieure ausgedacht haben, ist eine speziellen Erwähnung wert. Sowohl das Starship als auch die Super Heavy werden nicht über Landebeine verfügen. Eine Ausnahme davon gibt es nur für die zukünftige Mondlandevariante des Starship. Vielmehr werden die beiden Fahrzeuge in der Endphase der Mission den Startturm direkt anfliegen, dort von gewaltigen Greifarmen gewissermaßen aus der Luft „gepflückt" und wieder auf den Startsockel gestellt (Super Heavy) oder gleich nach dem Einfangen wieder auf den Booster aufgesetzt (Starship).

Ursprünglich war angedacht, genau wie bei der Erststufe der Falcon 9, Landebeine an beiden Stufen anzubringen. Davon ist SpaceX inzwischen abgekommen. Die notwendigen strukturellen Verstärkungen und das (beim Start) mitgeschleppte tote Gewicht – es wären bei diesem System viele Tonnen an Masse – können so direkt in Nutzlast investiert werden.

So wurde ein Startturm konstruiert, der gleichzeitig als Landeanlage dient. Eine kühne Idee, erfordert sie doch, dass ein zurückkehrender Booster und ein zurückkehrendes Starship den Startturm metergenau anfliegen müssen. Dort soll es dann vertikal am Turm entlang nach unten sinken, von Fangarmen in der Luft gegriffen und danach von diesen vorsichtig abgesetzt werden. Man muss sich dabei stets vor Augen halten, dass die beiden Fluggeräte ungeheuer groß sind. Das Starship ist 50 Meter hoch, mit neun Metern Durchmesser und einem Leergewicht von 100 bis 120 Tonnen. Die Super Heavy ist 70 Meter hoch und dürfte ein Leergewicht von mindestens 200 Tonnen auf die Waage bringen. Und man muss bedenken, beide werden bei der Landung immer noch etliche Tonnen an Treibstoff mit an Bord führen.

Der Start- und Landeturm ist 146 Meter hoch. Die beiden riesigen Greifarme, die den Booster und das Starship aus der Luft „pflücken" sollen, können in Sekunden hydraulisch nach vorne und zurück fahren und laufen dabei gleichzeitig an einem Schienensystem auf und ab, um den Bewegungen der anfliegenden Rakete zu folgen.

Funktioniert dieses System, dann hätte es den Vorteil sehr schneller „Turn-Around-Zeiten". Zusätzlich würde es die Bergungskosten auf nahezu Null bringen. Man kann damit Gewicht sparen, das man andernfalls erst in den Weltraum und wieder zurück transportieren müsste. Und zusätzlich spart man dabei jede Menge Bodeninfrastruktur. Die Wiederholung eines Starts mit denselben beiden Stufen wird auf diese Weise innerhalb eines Zeitraums von weniger als einem Tag angestrebt.

► Auch die kühnsten Optimisten glauben nicht, dass der Flug des „Hawaii-Express" reibungslos vonstattengehen wird. Das Gerät ist ungleich komplexer als die Falcon 9, der heutige Standardträger von SpaceX. Selbst die brauchte eine ganze Anzahl von Missionen und viele Fehlversuche, bis der heutige Status erreicht war, bei dem 99,5 Prozent der Starts und 98 Prozent der Landungen der Erststufen (die zweite Stufe wird bei der Falcon 9 nicht geborgen) erfolgreich verlaufen.

Man kann also davon ausgehen, dass auch mit dem Starship eine größere Anzahl von Testflügen durchgeführt wird, bis das System perfektioniert ist. Vieles wird schief gehen, doch eines Tages wird es klappen.

Wie immer der Flug des „Hawaii-Express" ausgeht, die nächste Mission danach wird nicht lange auf sich warten lassen. Für den Fall, dass der Erstflug des Systems wenigstens teilweise erfolgreich war, wird es dieses Mal in einen stabilen Orbit und über mehrere Erdumkreisungen gehen. Möglicherweise wird schon bei dieser zweiten Orbitalmission ein Rückflug zur Start- und Fanganlage versucht.

Am Abend des 10. Februar 2022 präsentierte Elon Musk erneut einen update zum Status der Starship-Entwicklung. Der zeigte vor allem das immense Wachstum der Infrastruktur vor Ort mit zahlreichen Montagehallen, Tankanlagen und Testvorrichtungen. Ein erst vor wenigen Tagen fertiggestellter Start- und Fangturm umschloss ein vollständiges Starship. Es ist flugbereit. Nur die Genehmigungen fehlen noch.

Spin Launch – Das Überschallkarussell

Der Spin Launch-Beschleuniger in der Wüste von New Mexico, nahe dem Spaceport America.

Ein absoluter Exot unter den Kleinträger-Projekten, die sich in fortgeschrittenem Entwicklungsstadium befinden, ist „Spin Launch". Spin Launch bietet die Möglichkeit, ohne den Einsatz von Raketen in den Weltraum zu fliegen, wenngleich nur suborbital. Spin Launch setzt auf ein elektrisch betriebenes Katapult-System, das mittels einer gewaltigen Zentrifuge ein Raumfahrzeug in einer Vakuum-Kammer zunächst enorm beschleunigt, um es danach zu starten.

Der Begriff „Start" dürfte dabei allerdings nicht ganz der richtige Ausdruck sein. „Abschuss" wäre eher angemessen, denn die Anfangsbeschleunigung des Spin Launch-Systems dürfte der einer Artilleriegranate kaum nachstehen. Der mitgegebene Geschwindigkeitsimpuls soll zwischen 5.000 und 8.000 Kilometer pro Stunde betragen.

Die weitere Geschwindigkeit zum Erreichen eines Orbits muss dann wieder auf herkömmliche Weise gewonnen wer-

den: mit einem Raketenmotor. Immerhin spart man sich mit dem ungewöhnlichen Startverfahren die erste Stufe einer herkömmlichen Trägerrakete. Das System ist allerdings absehbar nur für sehr robuste Kleinnutzlasten geeignet, oder für den Transport von Gütern in den niedrigen Erdorbit, die unempfindlich gegen extreme Beschleunigung sind, wie zum Beispiel Pulver für 3D-Drucker, Wasser, einige Treibstoffe und ähnliches.

Das Unternehmen hat, so munkelt man, erhebliche Mittel zur Verfügung. Man spricht von einer gesicherten Anfangsfinanzierung von weit über 100 Millionen Dollar. Über die technischen Details ist allerdings nicht viel bekannt, denn Spin Launch arbeitet im „Tarnkappenmodus".

► Die Idee, Satelliten ohne die Hilfe von Raketen in den Weltraum zu bringen, ist nicht neu. Jules Verne erdachte sich einst die Superkanone „Columbiade", um die Helden seines Science-Fiction-Romans „Von der Erde zum Mond" zum Erdtrabanten zu transportieren.

Aber was hätte er auch sonst in Erwägung ziehen sollen? Die Raketen zur Zeit Jules Vernes waren kleine, technisch einfache, aber trotzdem notorisch unzuverlässige und leistungsschwache feststoffbetriebene Geräte. Kanonen dagegen waren zuverlässige Maschinen, mit denen schon damals ziemlich schwere Geschosse über große Entfernungen geschleudert werden konnten.

In den ersten Jahrzehnten des 20. Jahrhunderts wandelte sich das Bild. Der „Kanonenantrieb" war als Mittel eines Weltraumstarts bald vergessen und kam nie wieder. Besser gesagt „fast" nie wieder, denn es gab eine einzige Ausnahme: Das Projekt HARP.

HARP, die Abkürzung steht für „High Altitude Research Program", war einzigartig in der Geschichte des Raumfahrtzeitalters. Zum ersten – und bis in die unmittelbare Gegenwart schon wieder zum letzten Mal – wurde hier ernsthaft der Versuch unternommen, anstelle von Raketen Kanonen einzusetzen, um Höhenforschungssonden und vielleicht sogar Satelliten zu starten.

Ins Leben gerufen, und durch fast alle Instanzen getragen, wurde es in den sechziger-Jahren von einem genialen kanadischer Ingenieur namens Gerald Bull. Es gelang ihm, die für die Verwirklichung der Idee nötigen Fördergelder und die Ausrüstung aufzutreiben und errichtete auf der Insel Barbados eine Abschussanlage. Dort, auf einer Position von nur 13 Grad nördlicher Breite, wäre die Insel ein exzellenter Ort für Satellitenstarts gewesen, denn dort konnte man den Vorteil der Extrageschwindigkeit mitnehmen, die man durch die Erdrotation erhielt.

Das Abschussrohr des Spin Launch-Beschleunigers.

Obendrein gab es noch tausende von Kilometern freie Wasserfläche in Schussrichtung über den Atlantik. Man brauchte sich hier keine Sorgen zu machen, dass die Projektile bei ihrer Rückkehr aus der Stratosphäre irgendwelchen Unbeteiligten auf den Kopf fielen.

Gerald Bull beschaffte sich für das Vorhaben eine Schlachtschiffkanone mit einem Kaliber von 41 Zentimetern. Mit allem Drum und Dran, vor allen Dingen mit riesigen Mengen an Pulverkartuschen. Außerdem besorgte er einen Schwerlastkran, um dieses Riesengerät vor Ort bewegen zu können, und eine 750.000 Dollar teure Bahnverfolgungsanlage, um die abgeschossenen Projektile mittels Radar verfolgen zu können.

Diese Kanone wurde nun modifiziert und dabei vor allem mit einem wesentlich längeren Abschussrohr ausgestattet. Sie war danach über 100 Tonnen schwer und 40 Meter lang. Es war das größte Stück Artillerie, das jemals praktisch eingesetzt wurde.

Direkt den Orbit erreicht hätte man mit der HARP-Kanone allerdings nicht. Aber man hätte sie als Abschussgerät für Höhenforschungssonden und quasi als erste Stufe einer kleinen Satellitenträgerrakete nutzen können. Die damit erzielte Geschwindigkeit hätte etwa 1.370 Meter pro Sekunde betragen. Die Startbeschleunigung wäre bei über 5.000 g gelegen. Nichts für empfindliche Nutzlasten. Der Abschuss in den gezogenen Läufen der Kanone hätte dem Projektil eine Drallstabilisierung mitgegeben. Unmittelbar nach dem Abschuss wären Stabilisierungsflossen ausgeklappt worden. In 25 Kilometern Höhe wäre dann der Raketenmotor der Satellitenrakete gezündet worden. Immerhin gedieh das Projekt so weit, dass mit dieser Kanone abgeschossene Projektile Höhen bis zu 180 Kilometer erreichten.

Am Ende scheiterte das Vorhaben an Eifersüchteleien zwischen den zuständigen Stellen, an politischen Ränkespielen und der Einflussnahme des Militärs. Ganz am Ende, als Bull einen Versuch unternahm, seine Idee im Irak zu verwirklichen, wurde er das Opfer eines dubiosen Mordes, verübt wahrscheinlich vom israelischen Geheimdienst. Damit schien diese ein wenig verrückte Idee ein für alle Male verschwunden zu sein.

So könnte eine Nutzlast für einen Spin Launch-Einsatz aussehen.

► Doch dann erschien Spin Launch auf dem Plan, ein Unternehmen, das praktisch aus dem Nichts kam. Mit einer Idee, die bei John Bulls Versuchen ansetzte, und einem Konzept, das einem schlechten Science-Fiction-Roman der Dreißiger-Jahre entsprungen sein könnte. Gegründet wurde das Unternehmen schon 2014, ansässig ist es im kalifornischen Long Beach. Spin Launch hielt seine Aktivitäten „under cover", machte nirgendwo damit groß Reklame (versteckte sich aber auch nicht), erschien nicht auf Kongressen, gab keine Newsletter heraus, sondern entwickelte unauffällig und im Stillen vor sich hin. Trotzdem hätte man ohne weiteres auf das Unternehmen aufmerksam werden können, wenn es nicht die wenigen Beobachter, denen es dennoch auffiel, in der Spinner-Ecke verortet hätten.

Das änderte sich erst im Oktober 2021, als Spin Launch aus heiterem Himmel einen erfolgreichen Test verkündete, der in der Nähe des Spaceport America in New Mexico durchgeführt worden war. In der Nähe des Ortes also, an dem auch die suborbitalen Raumfahrzeuge von Virgin Galactic starten. Da stand auch – erstaunlicherweise war niemandem die Errichtung aufgefallen – eine bemerkenswerte Anlage mit dem Aussehen einer gigantischen, auf dem Rücken liegenden Trillerpfeife.

Nach Aussage des CEOs von Spin Launch, Jonathan Yaney, stellt das Unternehmen die Raketengrundgleichung auf den Kopf. Mit seinem Konzept ist es möglich, die Größe von Raketen dramatisch zu reduzieren und die Komplexität und damit auch die Kosten zu senken. Das Spin Launch Konzept ist für Nutzlasten bis 200 Kilogramm geeignet. Das wäre in etwa die Kategorie, welche die Astra-Rakete anpeilt, oder die Rocket Lab Neutron oder die deutschen Startups mit ihren Kleinträgerraketen.

Das Konzept hört sich einfach an, man kann aber mit Sicherheit davon ausgehen, dass es schwer zu verwirklichen

Zwei Spin Launch-Projektile werden für den Abschuss vorbereitet.

ist. Im Prinzip wird kinetische Energie aufgebaut, um das Raumfahrzeug vom Boden zu bekommen. Und die wird gewonnen, indem man den Satelliten am Arm einer Zentrifuge mit immer höherer Geschwindigkeit herumschleudert, bis sie sich schließlich wie rasend mit mehrfacher Schallgeschwindigkeit im Kreis bewegt. Damit das überhaupt funktionieren kann, muss diese Zentrifuge luftleer sein, ansonsten würden Luftwiderstand und Reibungshitze das Unterfangen unmöglich machen. Und der Schleuderarm muss ein Gegenwicht am anderen Ende aufweisen, sonst wird die Sache instabil.

In weniger als einer Millisekunde wird das Objekt dann freigegeben, durchstößt eine Membrane, welche die Zentrifuge bis zum Abschuss luftdicht gehalten hat und fliegt dann, von seiner kinetischen Energie getragen, nach oben wie ein mit enormer Kraft hochgeschleuderter Stein. Innerhalb von etwa einer Minute steigt die in der stromlinienförmigen Nutzlastverkleidung, einer Art „Treibspiegel" wie es die Artilleristen bezeichnen würden, eingeschlossene Sonde auf eine Höhe von 60 Kilometer. Dort löst sich die Verkleidung und die Nutzlast setzt ihre Mission, gleich welcher Art, selbst fort. Erst dann, nach der Freigabe dieser Ummantelung, könnte auch ein Raketenmotor zünden, der den freigegebenen Körper dann auf Orbitalgeschwindigkeit bringt.

Dieses gewaltige Gerät bezeichnen die Leute von Spin Launch als „Accelerator", hier vielleicht am besten mit „Schleuder" übersetzt. Der Startvorgang setzt die Nutzlast einer Beschleunigung von etwa 10.000 g aus. Das erscheint unfassbar viel und man stellt sich vor, dass damit jede denkbare Nutzlast zu Brei verarbeitet wird. Das stimmt allerdings nicht. Bereits heute sind bestimmte Typen von Artilleriegranaten mit einer Elektronik ausgestattet, die deutlich mehr aushält als das. Bei Spin Launch wurden Versuche mit einem iPhone 4 gemacht und man stellte fest, dass es bis zu 12.500 g aushalten kann. Von daher scheint die Machbarkeit also gegeben.

Allerdings wird man trotzdem mit dem Spin Launch Katapult nie fragile Messvorrichtungen in den Orbit senden können. Die Nutzlastgewichte werden beschränkt bleiben. Dennoch trifft das Verfahren durchaus die Anforderungen potentieller Kunden. Das können Industrieunternehmen sein, die unempfindliche Rohmaterialien in den Weltraum transportieren wollen. Es könnte auch die Anforderungen für die US

Green Launch versucht es mit einer wasserstoffbetriebenen Kanone.

Space Force oder die Missile Defence Agency treffen, wo es einen zunehmenden Bedarf für den Start von Kleinsatelliten gibt.

Auch das Pentagon hat schon Interesse angemeldet, denn natürlich könnte der Beschleuniger auch als Artilleriegeschütz mit enormer Reichweite verwendet werden. Einen Vertrag mit der „Defense Innovation Unit“ des Pentagon gibt es bereits seit 2019 und man hört sogar Stimmen, die behaupten, es gehe hier gar nicht um eine Möglichkeit, Höhenforschungssonden oder Kleinsatelliten zu starten, sondern es handele sich bei Spin Launch um eine verdeckte Initiative für die Entwicklung einer Ultralangstrecken-Artillerie.

Derzeit wird in New Mexico noch mit einer Anlage experimentiert, die nur ein Drittel der endgültigen Dimensionen aufweist. Aber schon das ist erheblich groß, denn die umgedrehte Trillerpfeife ist bereits in der maßstäblich verkleinerten Form inklusive des Abschussrohrs ein 50 Meter hohes Objekt in der Landschaft und damit größer als die Freiheitsstatue. Die Zentrifuge selbst hat einen Durchmesser von 33 Metern.

Bei diesem ersten Test am 14. Oktober nutzte Spin Launch etwa 20 Prozent der Kapazität des Beschleunigers. Die erreichte Höhe wurde nicht bekannt gegeben, Jonathan Yaney sprach aber von mehreren 10.000 Fuß und einer Geschwindigkeit von „vielen Tausend Meilen pro Stunde“. Das dabei eingesetzte Geschoss wies eine Länge von drei Metern auf. Diese Tests befassten sich vor allem mit dem Freigabemechanismus des Arms und mit der Aerodynamik des etwa drei Meter langen Projektils.

Die ersten Testvehikel werden noch keine Raketentriebwerke an Bord haben. Die Firma plant außerdem die stromlinienförmige Hülse, in welche die Nutzlast eingeschlossen ist, wiederzuverwenden. Beim ersten Testabschuss hat das schon mal geklappt und sie ist, wie Yaney sagte, problemlos erneut einsetzbar. Die Wiederverwendbarkeit des stromlinienförmigen Abschussbehälters ist wichtig, denn offenbar besteht er aus teuren und exotischen Materialien.

Zum Zeitpunkt, an dem diese Zeilen entstehen, läuft gerade ein Testprogramm mit 30 suborbitalen Testschüssen. Allesamt von der Region des Spaceport America aus. Für das Einsatzgerät sucht die Firma aber eine andere Örtlichkeit. Sie soll in einer Küstenregion liegen. Es soll ein Ort sein, von dem dutzende von Abschüssen täglich stattfinden können. Die Verhandlungen über einen Standort stehen offenbar kurz vor dem Abschluss.

Diese schnell aufeinanderfolgenden Starts ohne den Einsatz komplexer Raketen könnten die Kosten, Fracht in den Weltraum zu bringen, drastisch reduzieren. Yaney meint, dass mit Spin Launch nur ein Viertel der sonst üblichen Treibstoffmenge erforderlich ist, um den Orbit zu erreichen, und dass eine Kostenreduzierung auf ein Zehntel der heutigen Werte erfolgen könnte. Das Unternehmen geht derzeit davon aus, dass die ersten Starts für Kunden gegen Ende 2024 erfolgen könnten.

Nicht unerwähnt bleiben soll, dass dank Spin Launch inzwischen noch mehr Interesse an kinetischen Startvorrichtungen geweckt wurde. Inzwischen gibt es mit dem Vorhaben „Green Launch“ eine Reinkarnation von Gerald Bulls altem Projekt. Für die Arbeiten an diesem Konzept werden sogar Teile von Bulls Ausrüstung mit verwendet, die seinerzeit in den Yuma-Proving Grounds eingelagert worden war. Nur wird die neue Kanone nicht mit Cordit betrieben, sondern mit heißem Wasserstoff.

Kleinträger im Vormarsch

Einen zunehmend wichtigen Markt der privaten Raumfahrt bilden Kleinträgerraketen. Nach Informationen des Northrop Grumman Smallsat Launcher Survey, der von seinen Autoren jährlich auf den neuesten Stand gebracht wird, sind derzeit (Stand Anfang 2022) nicht weniger als 155 Unternehmen weltweit dabei, Kleinträger zu entwickeln oder zu betreiben. Zehn davon sind bereits im Einsatz. Sechs dieser schon einsatzfähigen Kleinträgerraketen stammen aus China. Weitere etwa 10-15 werden ihren Erstflug wahrscheinlich noch innerhalb des Jahres 2022 durchführen.

Im Abstand von wenigen Wochen kommen neue Entwicklungen dazu und selbst Raumfahrt-Nerds verlieren inzwischen den Überblick bei all den exotisch klingenden Start-ups wie Aevum, Acrux Space, Beyond Earth, Green Launch, X-Bow, Merida Aerospace, Thor Launch Systems und viele, viele mehr, die sich zu den Namen dazugesellen, an die man sich schon etwas gewöhnt hat, wie Rocket Lab, Virgin Orbit, Astra, Firefly, iSpace, Landspace, Orbex, Launcher, Galactic Energy, Relativity Space oder ABL.

Kleinträger mit einer Nutzlastkapazität bis zu etwa 1.000 Kilogramm für den niedrigen Erdorbit bedienen einen weltweit schnell wachsenden Markt. Ihre Kunden sind die „Smallsats", Raumfahrzeuge in der Kategorie vom 100 Gramm schweren Femtosatelliten bis zur 500 Kilogramm schweren Kleinplattform. Man benötigt Kleinträger für die Nachbestückung von Kommunikations- und Erdbeobachtungskonstellationen im niedrigen Erdorbit, für Forschung aller Art, die Schwerelosigkeit benötigt oder außerhalb der störenden Atmosphäre stattfinden muss, für Technologiedemonstrationen, Systemerprobungen und Forschung an Universitäten. Aber auch für die Zwecke schulischer Bildung und sogar für künstlerische Aktivitäten werden sie eingesetzt.

Die Zielbahnen dieser Nano- und Mikroträger liegen in der Regel bei unter 1.000 Kilometern Höhe. Bevorzugte Orbits gehen entweder – der Nutzlastoptimierung wegen – genau nach Osten oder aber in so genannte polare Umlaufbahnen, die den Vorteil haben, alle Punkte der Erde einsehbar zu machen. Sie sind somit für jegliche Art von Erdbeobachtung gut geeignet. Zunehmend denkt man aber auch über ihre Eignung für den Start von Mikroraumsonden zum Mond, zu den Planeten und Asteroiden nach.

Start einer Rocket Lab Electron.

Wer bislang „Smallsats“ in den Orbit bringen wollte, musste viel Geduld mitbringen. Und Demut. Und er musste in aller Regel Abstriche an seinen Missionszielen machen, denn die gewünschte Umlaufbahn bekam er so gut wie nie. Dass sich trotz der schlechten Ausgangsbedingungen das Produkt „Smallsat“ so gut entwickelte, grenzt da schon fast an ein Wunder. Die Entwickler und Hersteller solcher Satelliten, häufig Universitäten, kleine wissenschaftliche Institutionen und Raumfahrt-Startups, mussten sich bislang mit den Brosamen begnügen, die ihnen die Startdienstleister und ihre Premiumkunden übrig ließen. Was daran lag, dass sie darauf festgelegt waren, „Piggyback“, also als Sekundärnutzlast bei den Starts der Großen, mitzufliegen. Sie waren damit auch an die Starttermine und Umlaufbahnen der Hauptnutzlast gebunden. Sie mussten die gleichen, meist sehr aufwendigen prozeduralen Abläufe mitmachen, wurden dabei aber dennoch als Kunden zweiter Klasse behandelt.

Eine „Rocket“ des US-Herstellers Astra startet von Kodiak Island in Alaska aus.

Doch das ändert sich nun mit den modernen Kleinträgern. Ein Paradebeispiel dafür ist die Electron des neuseeländischen Unternehmens Rocket Lab. Wohl um die Kreativität des Herstellers und Betreibers zu betonen, hat sich dort eine etwas skurrile Art Missionen zu benennen eingebürgert. Der erste Testflug, im Mai 2017, wurde noch ziemlich gradlinig als „It's a Test“ (also: Es ist ein Test) bezeichnet. Beim zweiten Flugversuch im Januar 2018 gab man der Mission den Namen „Still Testing“ (also: „Immer noch am Testen“). Mit dem Erfolg bei dieser Mission entschied sich das Unternehmen dafür, Testflug Nummer drei zu stornieren und gleich ins Geschäft einzusteigen. Der Name deshalb: „It's business time“ (also: „Zeit für's Geschäft“).

Die Electron von Rocket Lab ist heute gut gebucht und ein kommerzieller Erfolg. Nicht zuletzt deshalb wagt sich das Unternehmen daher auf Neuland (siehe Kapitel 13: Die Rocket Lab Neutron).

1.138 Satelliten wurden im Jahre 2020 in den Orbit geschickt. Drei Jahre davor waren es noch 450 gewesen. 2013 waren es weniger als 200. Die Zahl der Satelliten insgesamt ist also seit Jahren in einem steilen Anstieg begriffen. Etwa 80 Prozent davon sind Smallsats. Ein Ende dieser Entwicklung ist nicht abzusehen. Ganz im Gegenteil, viele Unternehmen der Telekommunikations- und Raumfahrtbranche planen gigantische Internet-Konstellationen bestehend aus hunderten und tausenden von Satelliten in der Größenklasse von 400 – 1.000 Kilogramm.

Unter gewissen Bedingungen war es auch früher schon möglich, für einen Kleinsatelliten einen eigenen Träger zu buchen, wie zum Beispiel die Pegasus von Northrop Grumman. Diese Träger waren aber ungemein teuer und Nicht-US-Nutzlasten waren dafür nicht zugelassen. Die Kosten eines „eigenen“ Starts auf einer solchen Rakete betrugen etwa das Zehnfache dessen, was man heute als einer von vielen „Piggyback-Passagieren“ beispielsweise auf einer indischen PSLV-Rakete bezahlt. Das machte die Sache wenig attraktiv, und wenn man nicht gerade aus den USA kam sogar unmöglich. Mit den modernen Raketen aber sinken die Preise pro

„eigenem“ Träger signifikant. Sie liegen jetzt schon bei Nutzlastpreisen pro Kilogramm, die nur noch etwa dem Eineinhalbfachen eines Großträgers wie der Falcon 9 entsprechen.

Das Schicksal der „alten“ Kleinträger wie der Minotaur und Pegasus XL ist wegen ihrer sehr hohen Preise und ihrer beschränkten Verfügbarkeit längst besiegelt. Obwohl Northrop Grumman die Treibsätze dieser beiden Raketentypen praktisch umsonst bekommt (es handelt sich dabei um ausgemusterte Feststoffmotoren von Interkontinentalraketen), ist ihre Modifikation und Bereitstellung zum einen derart teuer, dass sie mit den modernen Konstruktionen der Konkurrenz nicht mithalten können, zum anderen unterliegt ihre Verwendung hochkomplizierten militärischen Vorschriften, da sie ursprünglich Bestandteil des US-Nuklearарsenals waren und immer noch rigide Geheimhaltungsvorschriften eingehalten werden müssen.

Das Startgewicht von Kleinträgern liegt typischerweise zwischen 10 und 50 Tonnen, mit einigen Ausreißern nach

Virgin Orbits „Launcher One“ wird vom Trägerflugzeug „Cosmic Girl“ auf eine Starthöhe von 10.000 Meter gebracht.

Ein Engineering-Prototyp der zweiten Stufe der Prime-Rakete von Orbex.

oben oder unten. Der kleinste Satellitenträger der Welt, die japanische SS-520, wiegt nur ganze 2,6 Tonnen. Sie ist dafür aber auch nur in der Lage, Nutzlasten bis maximal etwa zehn Kilogramm Gewicht in einen niedrigen Erdorbit zu transportieren. Im Vergleich dazu: Eine starbereite Ariane 5 wiegt etwa 780 Tonnen und schafft 20 Tonnen in eine niedrige Umlaufbahn.

Die oben erwähnte Rocket Lab Electron ist ein sehr typischer Vertreter der neuen modernen Kleinträger. Sie ist zweistufig und wird über beide Stufen mit dem Oxidator/Treibstoff-Gemisch flüssiger Sauerstoff und Kerosin betrieben. Sie hat eine Startmasse von 10,5 Tonnen, einen Durchmesser von 1,2 Metern und ist 17 Meter lang. Ihre Struktur und einzelne Tankkomponenten bestehen aus Kohlefaser-Verbundwerkstoffen. Die Turbopumpen, das ist ein Novum in der Raumfahrt, werden elektrisch betrieben. Die Electron kann eine Nutzlast von etwa 250 Kilogramm auf eine niedrige Erdumlaufbahn bringen und kostet pro Start etwa fünf Millionen Dollar. Ihre insgesamt neun Rutherford-Triebwerke der ersten Stufe (plus eines für die zweite Antriebseinheit) stammen aus dem 3D-Drucker und leisten im Vakuum zusammen 192 Kilonewton Schub. Die Electron ist industriell massenproduktionstauglich, ebenfalls ein Novum in der zivilen Raumfahrt. Rocket Labs Kleinträger ist sehr gefragt. Inzwischen betreibt das Unternehmen eine zweite Startanlage im heimatlichen Mahia (Neuseeland) und steht kurz davor, eine dritte Startanlage auf dem Gelände der NASA Wallops Island Facilities in Virginia in Betrieb zu nehmen, wo die Starts etwa Mitte 2022 aufgenommen werden sollen.

Die Nutzer von Kleinträgern werden auch zukünftig ihre Satelliten zu einem etwas höheren Preis starten, als wären sie einer von hundert oder mehr Kunden auf einem großen Träger. Doch dafür bekommt man seine gewünschte Premium-Bahn, ist der einzige Kunde oder einer von nur wenigen, und diese Exklusivbehandlung ist vielen Satellitenherstellern und -betreibern den Mehrpreis wert.

Selbst in Europa, wo man hinsichtlich Trägerraketenentwicklungen gerne den weltweiten Marktführern um Jahrzehnte hinterher hinkt, ist die Kleinträger-Euphorie angekommen. Nicht weniger als 29 Projekte befanden sich hier Anfang 2022 in unterschiedlichen Phasen des Entwicklungsprozesses. Ein halbes Dutzend Vorhaben sind bereits in einem sehr fortgeschrittenen Stadium und nicht mehr weit von der Flugbereitschaft entfernt. Bei ihnen handelt es sich um die spanische PLD Space mit der Miura 5-Rakete, die beiden britischen Unternehmen Skyrora mit der Skyrora XL-Rakete und Orbex mit dem Prime-Träger, die französische Zephyr von Venture Orbital und sogar zwei deutsche Firmen sind ganz vorne mit dabei, nämlich die RFA-1 der Rocket Factory Augsburg (RFA), die zur OHB-Gruppe gehört und Isar-Aerospace aus Ottobrunn bei München mit der Spectrum-Rakete.

Es gibt sogar noch ein drittes deutsches Unternehmen, nämlich die Hyimpulse Technologies GmbH in Neuenstadt am Kocher, nahe Heilbronn. Die sind aber von der Einsatzfähigkeit ihres Satellitenträgers noch einige Jahre entfernt. All diese Firmen streben einen Preis für das Kilo Nutzlast in den Orbit in der Gegend von 5.000 – 7.000 Euro an.

Dass gleich drei deutsche Unternehmen bei der Entwicklung von Kleinträgern mit dabei sind, ist erfreulich. Es wird aber ein hervorragendes Geschäftsmodell, einen schlagkräftigen Vertrieb und eine perfekte, bis zum äußersten durchrationalisierte Serienfertigung brauchen, um diese Produkte auf den Markt zu bringen. Dinge erfinden und entwickeln konnte man in Deutschland schon immer sehr gut. Auf einem

Start einer Firefly Alpha vom Space Force-Stützpunkt Vandenberg aus.

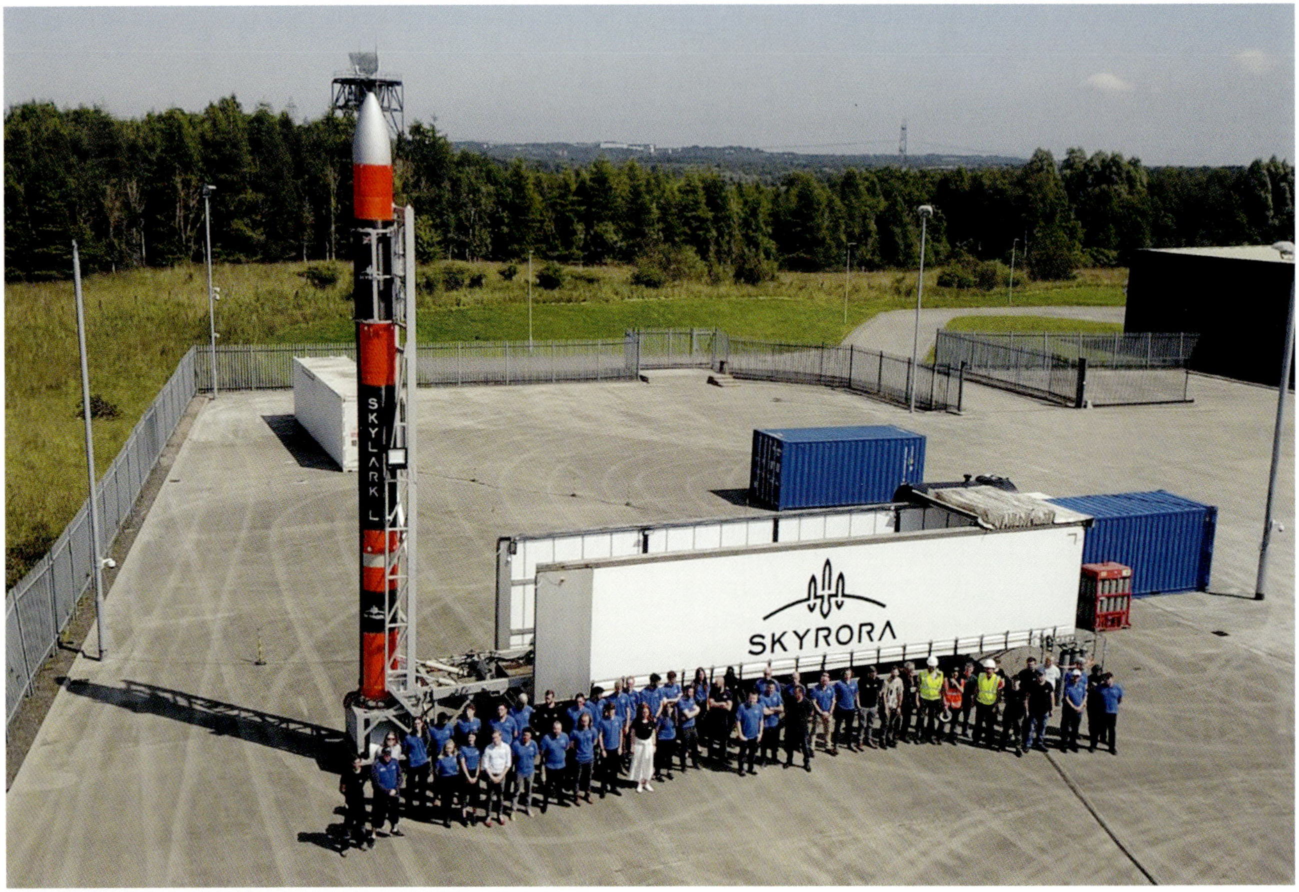

Das Konstruktionsteam der Skyrora XL präsentiert sich hier mit einem Prototypen ihres Micro-Launchers.

ganz anderen Blatt steht die chronische deutsche Schwäche bei der Vermarktung, die sich quer durch alle Gebiete neuer Technologien zieht.

Ein Design zu erstellen ist die mit weitem Abstand leichteste Aufgabe. Schon deutlich schwieriger ist es, einen flugfertigen Prototypen zu bauen. Das wahre Problem aber liegt im Produktionssystem. Das benötigt ein Vielfaches des Aufwandes, den Design und Prototypenbau erfordern. Elon Musk, der dieses Problem aus eigener leidvoller Erfahrung kennt, meint dazu, dass der Aufwand für „Manufacturing" sträflich unterschätzt werde. Es ist etwas vollständig anderes, einen für 150 Millionen Euro in jahrelanger liebevoller Arbeit „handgebastelten" Prototypen herzustellen, als für fünf Millionen Euro eine Serienrakete in so wenigen hoch rationalisierten Prozessschritten wie möglich. Der Weg zur Serienfertigung ist lang, beschwerlich, extrem teuer und es ist der Schritt, bei dem deutsche Startups häufig scheitern.

Ein relativ transparentes Beispiel ist auch hier Rocket Lab mit ihrer Elektron-Kleinträgerrakete. Auch dort gelang die Entwicklung der Rakete bis zum Prototypen mit etwa 120 Millionen Dollar. Für Serienreifmachung, Produktionsoptimierung, Beschaffung und Kalibrierung der Produktionsinfrastruktur, Bereitstellung der gesamten Bodenausrüstung (des so genannten „Ground support equipment“) und der Startanlagen kolportiert man dagegen Zahlen vom sechs- bis siebenfachen dieser Summe.

Solche Beträge bei Geldgebern erst einmal zu bekommen und in der Folge auch zu amortisieren, bei einer Rakete, die wegen der beinharten Konkurrenzsituation auf dem Kleinträgermarkt nicht mehr als vielleicht fünf bis sieben Millionen Euro kosten darf, gelingt ausschließlich mit sehr hohen Startzahlen.

Blicken wir in die USA, dann wird schnell klar, warum es dort vergleichsweise einfach ist, ein Raketen-Startup hochzuziehen. Das Land ist technik-affin, Raumfahrt steht hoch im Kurs und wird von der Regierung als zukunftsweisende Schlüsseltechnologie verstanden. Die Regularien sind überschaubar, klar und industriefreundlich. Genehmigungsprozesse laufen zügig, und werden nicht, wie hierzulande, oft über viele Jahre verschleppt. Es gibt eine ganze Auswahl von möglichen Startplätzen und mit das Wichtigste: Es gibt dort Investmentgesellschaften, die sich darauf spezialisiert haben, Startups an die Börse zu bringen und ihnen somit das nötige Kapital zur Serienreifmachung zu verschaffen. Nur wenn es Deutschland und Europa gelingt, ähnlich günstige Voraussetzungen zu schaffen, werden auch europäische Unternehmen auf diesem Zukunftsmarkt erfolgreich sein.

Es gibt noch ein Problemfeld für Deutschlands und Europas Kleinraketen-Hersteller: Der Markt ist dynamisch und baut sich ständig um. Europäische und deutsche Reaktionszeiten auf diese hohe Marktdynamik sind meist viel zu langsam. Für Kleinnutzlasten, die nicht sensitiv für spezielle Anforderungen an ihre Umlaufbahn sind, bietet beispielsweise SpaceX seit einer Weile einen für Raumfahrtverhältnisse revolutionären Service an: Zwei- bis dreimal jährlich regelmäßige Transportflüge zu festen Terminen. Sie gehen stets auf dieselbe sonnensynchrone polare Umlaufbahn in 500 Kilometer Höhe, denn das ist der beim Kunden beliebteste Orbit. Sie finden statt, egal ob sie ausgelastet sind oder nicht (doch es ist kein Geheimnis: Sie SIND komplett ausgelastet).

Der Start einer RFA-1 der Rocket Factory Augsburg kann gegenwärtig nur als Grafik dargestellt werden.

Auch Isar Aerospace mit ihrer Spectrum-Rakete muss sich zum Zeitpunkt der Drucklegung dieses Buches noch mit einer Grafik begnügen.

Aufgrund der enormen Nutzlastkapazität dieser Rakete können dabei pro Flug 100 oder mehr Kleinsatelliten mitgenommen werden. Zu – für Raumfahrtverhältnisse – sensationell niedrigen Preisen. Die ersten 200 Kilogramm Nutzlast kosten den Kunden des Transporter-Programms von SpaceX eine Million Dollar, somit 5.000 Dollar (oder etwa 4.000 Euro) pro Kilogramm.

Mit diesem unschlagbaren Angebot saugt SpaceX momentan einen großen Anteil der klassischen Nutzlasten der Kleinträger vom Markt. Dieser Markt wächst zwar laufend, aber SpaceX hält hier mit seiner nahezu unbegrenzten Startkapazität mühelos dagegen.

Doch wenn sie sich auf ihre Stärken besinnen, dann müssen die Hersteller von Kleinträgerraketen nicht um ihre Zukunft fürchten. Nur sie bieten maßgeschneiderte Lösungen: den Einschuss in spezielle Umlaufbahnen, die Behandlung von Satellitenherstellern und -betreibern als „Premium-Kun_den", hohe Flexibilität, hohe Wiederflugfrequenzen und Starts von einer großen Anzahl kleiner „Weltraumbahnhöfen" mit begrenzter Infrastruktur. Sie haben durchaus auch die Möglichkeit, ihre Raketen noch günstiger zu produzieren, als SpaceX, denn für Kleinraketen können andere Fertigungsverfahren eingesetzt werden wie für die Großträger. Und sie haben das Potential für experimentelle neue Lösungen.

Konstellationen und Weltraummüll

Im niedrigen Erdorbit herrscht Goldgräberstimmung. Bald schon gibt es Breitband-Internet, ganz gleich, wo immer man sich auf diesem Planeten aufhält. Jeder von uns wird dann ständig und überall erreichbar sein, sei es in Zentralafrika, in der Antarktis, den australischen Outbacks oder im Industriegebiet von Chaborowsk. Jedes Ereignis – egal, wo auf der Welt es sich ereignet – ist uns sofort zugänglich. Katastrophen und Naturereignisse, alle Verkehrsbewegungen zu Lande, zu Wasser und in der Luft. Alles. In Echtzeit.

Terabytes an wissenschaftlichen Daten aus dem Weltraum und von der Erde werden pausenlos in die Überwachungs- und Auswertezentren der Welt gespült. Jede Wetterbewegung, auch noch im entferntesten Winkel der Erde, ist uns in Minutenschnelle zugänglich. Und das alles in 5G-Qualität. Die Mega-Konstellationen machen den Planeten zum Dorf.

Ganz neu ist die Idee nicht. Iridium betreibt schon seit Jahren ein Netz von 75 Satelliten im niedrigen Erdorbit. Globalstar eines mit 24 Einheiten. Neu ist nur die schiere Menge an Satelliten, weil immer mehr bislang terrestrische Aufgaben zukünftig über die Satellitenkonstellationen abgewickelt werden, weil ständig neue Dienstleistungen dazu kommen, weil die Startdienstleistungen immer billiger werden und weil der

Ein „Stapel" von Starlink-Satelliten wird für den Start vorbereitet.

Eine Falcon 9 von SpaceX startet von Cape Canaveral aus mit einer weiteren Ladung Starlinks in den Orbit. Der Bodennebel stellt dabei kein Hindernis dar. Ein Bild vom selben Start, aber aus einer anderen Perspektive, finden Sie auf Seite 5.

Datenhunger der Menschen schier unerschöpflich zu sein scheint.

Sehen wir uns beispielhaft die großen Kommunikations-Konstellationen an. Sie rollen in Wellen auf uns zu. Weit vorne sind gegenwärtig das OneWeb-Netz der gleichnamigen Firma und die Starlink-Konstellation von SpaceX. Zum Zeitpunkt, an dem diese Zeilen entstehen, sind bereits über 400 OneWeb-Satelliten im Orbit und mehr als 2.000 Starlinks. Weitere Betreiber wie Amazon mit dem Kuiper-Netz oder CASIC mit der Hongyan-Konstellation stehen in den Startlöchern. Sogar die ewig etwas schlafmützige europäische Gemeinschaft erwägt eine EU-Konstellation für Breitbandkommunikation.

One-Web startete die ersten sechs Testsatelliten am 27. Februar 2019 von Kourou aus. Seither laufen die Starts – von einer Unterbrechung wegen finanzieller Schwierigkeiten einmal abgesehen – wie am Schnürchen. Dann allerdings kam der Überfall Russlands auf die Ukraine, dessen Auswirkungen bei Redaktionsschluss noch nicht bekannt waren. Die OneWebs werden in einer Umlaufbahn in 1.200 Kilometern Höhe aktiv sein, recht hoch für eine der neuen privatwirtschaftlichen Konstellationen. Am 22. Februar 2018 brachte SpaceX die ersten beiden Starlink-Versuchseinheiten in den Orbit, gefolgt am 24. Mai 2019 von 60 weiteren Testvehikeln. Seitdem finden Starts in Abständen von ein- bis zwei Wochen statt.

Bleiben wir gleich beim Beispiel Starlink, denn dieses System ist das derzeit die Größte der geplanten Konstellationen. Und auch, weil es zum Redaktionsschluss (Februar 2022) bereits den Betrieb aufgenommen hat. Eine Viertelmillion Nutzer hatte das System da. Das Vorhaben wird in zwei Phasen abgewickelt. Phase 1 umfasst 4.408 Satelliten, Phase 2 7.519 Einheiten.

Die ersten 1.584 Exemplare der jeweils zwischen 260 und 290 Kilogramm schweren Satelliten wurden in einer Umlaufbahn in 550 Kilometern Höhe, mit einer Bahnneigung von 53 Grad zum Äquator ausgesetzt. Sie bilden die erste von insgesamt fünf „Schalen“, auf denen zukünftig die 4.408 SpaceX-Raumfahrzeuge der Phase 1 in unterschiedlichen Bahnneigungen um die Erde kreisen werden. Schale 1 ist zum Zeitpunkt, an dem diese Zeilen entstehen, vollständig bestückt. Bei den Schalen 2, 3 und 4 hat die Besetzung bereits begonnen.

Und es kommen noch weitere richtig große Internet-Konstellationen auf uns zu. Wie etwa die 3.236 Satelliten der Kuiper-Konstellation von Blue Origin oder die 1.000 Satelliten der Yinhe-Konstellation. Dagegen fallen Systeme wie Telesat mit ihren lediglich 298 Raumfahrzeugen kaum noch auf.

China wird im Westen, man muss schon sagen „wie üblich“, hier kaum beachtet. Die oben genannte Yinhe-Konstellation ist nur eine von mehreren. Zum Zeitpunkt, an dem diese Zeilen entstehen, suchen mehrere potentielle Betreiber um Lizenzen für weit mehr als 12.000 Satelliten nach.

Und bis jetzt haben wir nur die Internet-Konstellationen erwähnt. Es gibt aber noch eine ganze Reihe von Satellitengruppen für andere Zwecke. Beispielsweise für Datenrelay, für Marineüberwachung und generell für Erdbeobachtungszwecke aller Art. Die argentinische Aleph-Konstellation für Erdbeobachtung soll 300 Einheiten umfassen, von den Dove-Satelliten von Planet Labs – ebenfalls auf Erdbeobachtung ausgerichtet – gibt es bislang schon etwa 400 und selbst polnische Unternehmen wie Sat Revolution sind mit dabei und planen eine Konstellation mit der Bezeichnung STORK mit mehr als 1.000 Satelliten.

Alles in allem sind für die nächsten etwa zehn Jahre die Starts von mehreren zehntausend Satelliten aller Art eingeplant. Nicht weniger als etwa 280 Konstellationen unterschiedlicher Größe, von 10 bis 10.000 Satelliten, sind in Planung und im Aufbau. Allesamt bewegen sich auf niedrigen Erdumlaufbahnen. Die Tabelle rechts unten auf dieser Seite zeigt 15 wichtige, derzeit im Aufbau oder in fortschrittlicher Planung befindlichen Konstellationen.

Wenig begeistert vom goldenen Zeitalter der kommerziellen Satellitenkonstellationen sind die Astronomen. Für die ist eine Wand aus hell strahlenden Pünktchen am nächtlichen Himmel ein Alptraum. Verlieren sie in Zukunft womöglich ihre Sicht nach außen und sind schon bald mit ihren Beobachtungsinstrumenten auf der Erde eingeschlossen?

Manch ein Astronom sieht mit Starlink nicht weniger als das Ende der bodengestützten Astronomie heraufziehen. Schließlich könnten durch deren Blickfeld künftig jederzeit dutzende Satelliten kreuzen, wodurch weit entfernte Sterne und Galaxien schlicht überstrahlt oder verdeckt würden.

Dazu eine Zahl zum Stichtag 1. Januar 2022. An diesem Tag gab es exakt 4.852 aktive Erdsatelliten. Also voll funktionsfähige Einheiten, kein Weltraumschrott. Das sind doppelt so viele wie nur zwei Jahre zuvor, und fast die Hälfte dieser Satelliten gehörte SpaceX.

Bis vor einigen Jahren schien niemand dieses Problem so richtig wahrzunehmen. Gewiss, man ärgerte sich über den regen Verkehr da oben. Auch über die gestiegene Möglichkeit von Kollisionen, die dann dazu führen könnten, dass noch mehr Weltraumschrott die niedrigen Erdumlaufbahnen besiedelt, als das jetzt schon der Fall ist. Aber von einer Sehbehinderung für die optische Astronomie sprach kaum jemand.

Natürlich werden nicht all diese vielen Satelliten von einem einzelnen Standort aus zu einer gegebenen Zeit sichtbar sein, sondern maximal einige hundert. Aber sie mischen sich zu den zahlreichen anderen, bereits existierenden Einheiten und dem Weltraumschrott, der ohnehin schon über uns kreist. Vom Luftverkehr ganz zu schweigen.

Elon Musk von SpaceX reagierte übrigens relativ schnell auf die Bedenken und erklärte auf Twitter, er habe sein Team bereits angewiesen, eine mögliche Reduzierung des Albedos der Satelliten zu untersuchen. Der Albedo beschreibt den Anteil des Lichts, den eine Oberfläche reflektiert. Üblicherweise haben Satelliten hohe Albedowerte, reflektieren also viel Licht. Damit wird das Aufheizen der Bordelektronik durch die Sonneneinstrahlung vermieden. Außerdem erklärte

Betreiber	Name	Land	Geplant	Gestartet	Art der Dienstleistung
Aleph-1	ÑuSat	Argentinien	300	22	Erdbeobachtung
Amazon	Kuiper	USA	3.236	0	Globales Breitband
Black Sky	BlackSky	USA	60	12	Erdbeobachtung
CASIC	Guowang	China	12.992	1	Globales Breitband
Galaxy Space	Yinhe	China	1.000	1	Globales Breitband
Globalstar	Globalstar	USA	88	88	Telefon- und Datenservice
Hanwa	Hanwa	Südkorea	2.000	0	6G-Breitband
Inmarsat	Orchestra	USA	175	0	Hotspot-Breitband
Iridium Next	Iridium	USA	75	75	Telefonservice/ Datentransfer
OneWeb	One Web	USA	6.372	462	Globales Breitband
Planet Labs	Dove	USA	unbekannt	400	Erdbeobachtung
SES	O3b	USA	42	42	Äquatoriales Breitband
Space Global	Diamond	England	200	0	Schmalband-Kommunikation
SpaceX	Starlink	USA	11.927	2.100	Globales Breitband
Telesat	Telesat	Kanada	298	2	Breitband-Kommunikation

Der „Stack“ wird von der zweiten Stufe der Falcon 9 im Orbit freigegeben. Es dauert eine Weile, bis der Abstand zwischen den einzelnen Einheiten wächst.

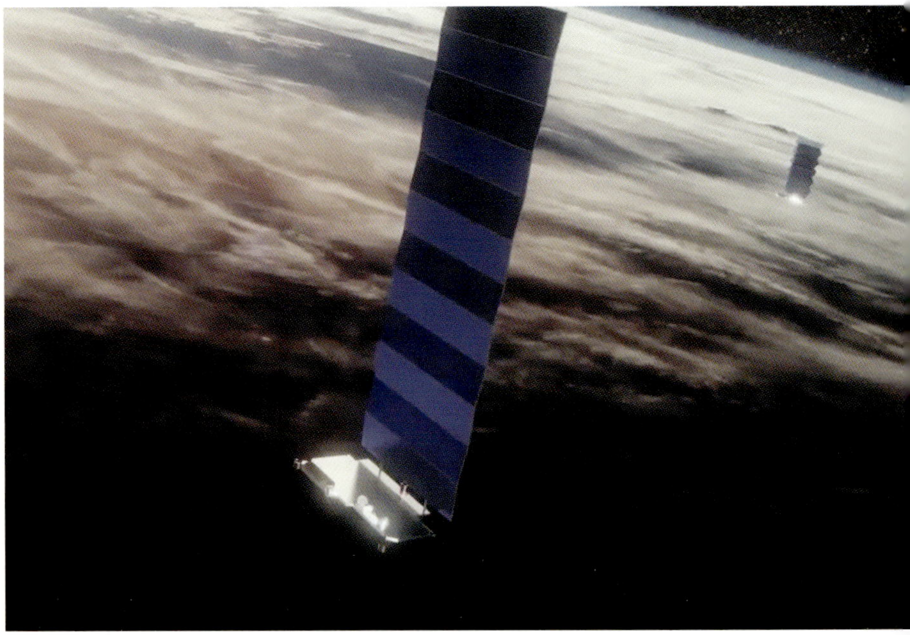

Starlinks im Orbit. Grafische Darstellung. In Wirklichkeit ist der Abstand zwischen den einzelnen Satelliten sehr viel größer.

Musk ebenfalls auf Twitter, Starlink werde bestimmte, für die Radioastronomie reservierte Frequenzbänder meiden.

Die Skepsis der Forscher konnte er damit bislang aber nicht zerstreuen und so sehen die Astronomen dem Anwachsen der Konstellationen mit erheblicher Sorge entgegen.

Die Großkonstellationen sind nicht nur den Astronomen ein Dorn im Auge. Auch die ESA sieht sie kritisch (will aber nichtsdestotrotz ebenfalls ins Geschäft mit einsteigen). Am 2. September 2020 gab die ESA in einer offiziellen Verlautbarung bekannt, dass sie gezwungen gewesen sei, die Bahn ihres Aeolus-Umweltbeobachtungssatelliten wegen Kollisionsgefahr mit einem der bis dahin nur 60 SpaceX Starlinks (es handelte sich um die Einheit Starlink 44) zu ändern. Aeolus befand sich in einer Bahn in etwa 320 Kilometern Höhe, demselben Höhenbereich, in dem sich auch diese einzelne Starlink-Einheit befand. Mit diesem Exemplar übte SpaceX gerade Deorbiting-Manöver. Alle anderen einsatzbereiten Satelliten befanden sich bereits in ihrem Arbeitsorbit in 540 Kilometern Höhe.

Die ESA hatte den Vorbeiflugabstand der beiden Satelliten auf Grundlage ihres Rechenmodells mit weniger als zehn Kilometer ermittelt. Sie gab weiterhin bekannt, dass sie SpaceX aufgefordert habe, mit ihren Starlink-Satelliten ein Ausweichmanöver durchzuführen. SpaceX meldete sich nicht, worauf es dann eben die ESA tat. Sie hob die Bahn von Aeolus kurzzeitig an und senkte sie danach wieder ab. Das so genannte „Space Debris Office“ der ESA gab bekannt, dass die Wahrscheinlichkeit eines Zusammenstoßes der beiden Satelliten mit 1:1.000 ermittelt worden sei. Erst bei Wahrscheinlichkeiten (oder eher Unwahrscheinlichkeiten) von über 1:10.000 treffe man keine Sicherheitsvorkehrungen. Der SpaceX-Satellit sei demzufolge innerhalb der Reaktionsschwelle der ESA gewesen. Nachdem sich Aeolus bereits seit neun Monaten auf dieser Bahn befinde und er obendrein der

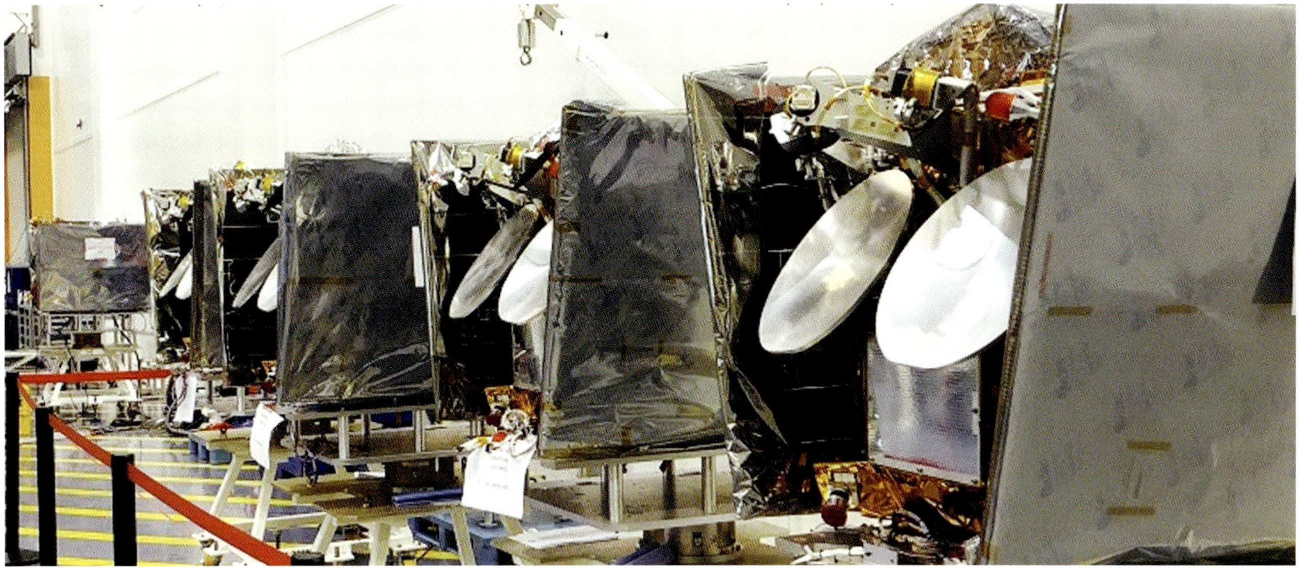

OneWeb-Satelliten in der Serienfertigung.

wertvollere Satellit sei (Neupreis: 568 Millionen Euro), sei es an SpaceX gewesen, seinen Satelliten zu bewegen.

Die etwas unklar geäußerte, aber dennoch erkennbare Absicht dieser Verlautbarung, und vor allem die Nennung des „Verursachers" rief weltweit ziemlich gemischte Reaktionen hervor, mit dem überwiegenden Ergebnis, dass jetzt SpaceX im Bild der Öffentlichkeit den „schwarzen Peter" hat. Diese Reaktionen vermittelten den Eindruck, dass SpaceX zwar bedenkenlos den ganzen Himmel mit Kleinraumfahrzeugen zupflastert, sich aber sich dann, wenn eine Kollision ansteht, nicht um die Konsequenzen ihrer Invasion kümmern will.

SpaceX behauptet zwar, über ein automatisches Kollisionswarnsystem zu verfügen, das Satelliten autonom aus der Gefahrenzone bringt. Aber das Starlink-System war damals noch in einer frühen Testphase und noch nicht einsatzfähig. Aber auch wenn es im Einsatzzustand ist, wer entscheidet dann über den korrekten Warnabstand?

SpaceX betrachtete jedenfalls die Schätzung der ESA als viel zu konservativ. Das von diesem Unternehmen eingesetzte SOCRATES-Warnsystem (für: Satellite Orbital Conjunction Reports Assessing Threatening Encounters in Space) ermittelte eine Kollisionswahrscheinlichkeit von weniger als 1:1 Million, wodurch ein Zusammenstoß derart unwahrscheinlich erschien, dass keine Aktion nötig gewesen sei. Und das war dann auch eine kleine Stichelei zurück, mit dem man das alte amerikanische Vorurteil von den ewig hasenfüßigen Europäern nährte.

Der Boss der Iridium-Konstellation, Matt Dasch, sprang SpaceX bei und twitterte: „*We move our satellites on average once a week and don't put out a press release to say who we maneuvered around...*" Also: „*Wir machen mit unseren Satelliten im Schnitt einmal die Woche eine Ausweichbewegung ohne dass wir deswegen gleich in einer Pressemitteilung herumposaunen, um wen wir uns da herumbewegt haben.*"

Elon Musk meinte zum Thema „Weltraummüll" im Mai 2019: „*Wir wollen die Sache nicht trivialisieren. Aber es ist da oben keineswegs so überfüllt, wie immer behauptet wird. Es ist sogar extrem leer. Wenn es dein Ziel wäre, da oben irgendwas absichtlich zu treffen, dann wäre das gar nicht so einfach*". Betrachtet man die schiere Masse, dann ist das auf jeden Fall richtig, denn die Menge Material, die sich über unseren Köpfen seit Anbeginn des Weltraumzeitalters angesammelt

Grafische Darstellung eines OneWeb-Satelliten im Orbit.

hat und noch nicht wieder zurückgekommen ist, dürfte bei weniger als 12.000 Tonnen liegen. Das entspricht der Ladung von zwei mittelgroßen Binnenschiffen. Das Problem ist denn auch nicht die Menge an sich, sondern die Verteilung dieses Materials und die Geschwindigkeit, mit dem es sich bewegt.

Am 3. September ruderte SpaceX etwas zurück, um den Streit zu entschärfen. In einem Statement gab das Unternehmen bekannt, wegen des potentiellen Zusammenstoßes seit dem 28. August in Kommunikation mit der ESA gewesen zu sein. Zu diesem Zeitpunkt sei die Wahrscheinlichkeit einer potentiellen Kollision unter 1 : 50.000 gewesen, und somit deutlich unter der Schwelle, an der ein Ausweichmanöver nötig gewesen wäre. Als dann neuere Daten die Wahrscheinlichkeit auf 1 : 1.000 reduziert hätten, hätte *„ein ‚Bug' im On-call-paging-system den Operator davon abgehalten, die darauf folgende ESA-Mails bezüglich der Erhöhung der Kollisionswahrscheinlichkeit zu bemerken"*, gab ein Sprecher von SpaceX bekannt. Und weiter: *„SpaceX untersucht derzeit den Vorgang und wird Korrekturmaßnahmen treffen, um so etwas künftig zu vermeiden. Hätte der Starlink-Operator die Korrespondenz gesehen, hätten wir uns selbstverständlich mit der ESA koordiniert, um die beste Vorgehensweise für das Manövrieren der Satelliten abzustimmen"*.

Dieses kleine Geplänkel mag ein Vorgeschmack auf die Dinge sein, die noch kommen werden. Tatsächlich hat bei diesem Vorfall niemand „Schuld" in einem juristischen Sinne, ganz einfach deswegen, weil die Sache nicht geregelt ist. Jeder kann machen, was er will. Und jeder kann die Sache anders beurteilen.

Generell müssen wir auch unterscheiden zwischen dem „tiefen Weltraum" und dem „erdnahen Weltraum". Als den „tiefen" Weltraum könnte man aus regulatorischer Sicht den Bereich jenseits des geostationären Orbits betrachten. Hier besteht – von Ausnahmen abgesehen – tatsächlich keine Dringlichkeit für regulatorische Maßnahmen. Der Raum hier ist für eine praktische Betrachtung quasi unendlich.

Anders sieht es mit dem Raum unterhalb des geostationären Gürtels aus, und mehr noch für den Bereich zwischen 250 und 1.500 Kilometer Erdabstand. Es ist diese Zone des erdnahen Weltraums, in dem sich in absehbarer Zeit mehrere zehntausend aktive Satelliten bewegen werden. Hier sind eine Regulierung und eine einheitliche, qualitativ hochwertige Überwachung des „Verkehrs" erforderlich.

Verglichen mit dem, was in Zukunft kommt, war bislang nicht sonderlich viel los im niedrigen Erdorbit. Der letzte bekannte Vorfall liegt mehr als ein Dutzend Jahre zurück, als ein aktiver Satellit der Iridium-Konstellation (Iridium 33) mit einem toten Kosmos-Satelliten (Kosmos 2251) zusammenstieß und eine Trümmerwolke erzeugte. Damals war die Vorbeiflugdistanz mit 580 Metern berechnet worden. Genug, wie es Iridium schien, um kein Ausweichmanöver einzuleiten. Man hatte sich verrechnet.

Aber auch dieser Zustand ist gleichzeitig eine Chance für die private Raumfahrt. Irgendjemand wird den Müll beseitigen müssen, der nicht in absehbar naher Zukunft ohnehin von selbst verglüht. Hier tun sich ganz neue Geschäftsfelder auf. Regulierungsüberwachung und Schrottbeseitigung. Experimente in diese Richtung werden schon heute durchgeführt. Bald wird es ein privates Raumfahrtbusiness mehr geben.

Privat auf den Mond

Fast jeder kennt das internationale ARTEMIS-Programm, dessen Ziel die Rückkehr von Menschen zum Mond ist. Es ist ein immens großes institutionelles, also nicht-privates Programm, dessen Elemente immer wieder durch die Medien gehen. Es besteht aus dem Orion-Raumschiff als bemanntem Transportmittel für die Astronauten, dem gigantischen Space Launch-Startsystem, dem Lunar Starship von SpaceX, das auf dem Mond landen soll, und dem Lunar Gateway, einer Raumstation in einer weiten Mondumlaufbahn mit internationalen Einzelelementen. Gerade während dieses Buch in den Druck geht, wird für dieses Programm der erste noch unbemannte Einsatz vorbereitet, die Mission ARTEMIS I.

Das so genannte „Integrated Exploration Manifest 2019 – 2028", das ist der Generalplan des Projektes ARTEMIS, enthält aber nicht nur diese bekannten Großkomponenten. Es gibt dort auch eine durchgehende Programmlinie mit der Bezeichnung CLPS. Diese Abkürzung steht für Commercial Lunar Payload Services. Es sind dies begleitende Experimente und Studien, die direkt auf der Mondoberfläche durchgeführt werden sollen. Zu diesem Zweck beauftragt die NASA Privat-

Der Peregrine-Lander von Astrobotic (grafische Darstellung).

Der Nova C-Lander von Intuitive Machines (grafische Darstellung).

unternehmen, kleine Mondorbitsonden, Lander und Rover zu entwickeln und zu bauen und in die Mondumlaufbahn oder zur Mondoberfläche zu senden.

In zwei Auswahlrunden hat die NASA insgesamt 14 Unternehmen als „eligible", also als „auswählbar" für eine solche Art von Aufträgen, befunden. Diese Auswahl traf sie aus einer viel größeren Anzahl von Unternehmen, die sich dafür beworben hatten.

Unter diesen 14 Firmen finden sich sehr bekannte Namen wie etwa SpaceX, Blue Origin, Lockheed Martin oder die Sierra Nevada Corporation. Also diejenigen, die man hinsichtlich von Mondflügen als die „üblichen Verdächtigen" bezeichnen würde. Es sind aber auch Unternehmen mit dabei, die selbst in den USA nur unter den Raumfahrtfans geläufig sind. Das sind Namen wie Astrobotic Technology, Firefly Aerospace, Intuitive Machines, Masten Space Systems oder die Draper Laboratories.

Diese als „auswählbar" befundenen Unternehmen können sich nun um die Transportleistungen für Instrumente und Oberflächenfahrzeuge der NASA oder anderer US-Institutionen bewerben. Die NASA finanziert den im CLPS-Programm ausgewählten Firmen dabei aber nicht die Entwicklungskosten. Ihr Mondfluggerät entwickeln müssen die Unternehmen mit ihren Eigenmitteln.

Sinn der Maßnahme ist es, neben der Forschungsabsicht, eine Reihe von Unternehmen aufzubauen, die in der Lage sind, auf rein privater Basis Transporte zum Mond durchzuführen. Die US-Raumfahrtbehörde entwickelt also nicht mehr wie früher ihre Mondsonden selbst, sondern kauft nur noch den Transport ihrer Experimente und Rover als Dienstleistung bei diesen Privatunternehmen ein. Das Programm ist somit von der Grundidee her ähnlich gestaltet, wie der Service, welchen die NASA bereits heute für die Versorgung der ISS durch private Transportanbieter in Anspruch nimmt.

Vier Aufträge hat die NASA bislang im Rahmen des CLPS-Programms vergeben. Sie gingen im Mai 2019 an Astrobotic Technology und an Intuitive Machines, im April 2020 an Masten Space Systems und im Februar 2021 an Firefly Aerospace. Es gab sogar noch einen fünften Auftrag, nämlich an Orbit Beyond im Juli 2019, aber einige Monate nach dem Auftragserhalt trat das Unternehmen aus unbekannten Gründen von dem Vertrag zurück. Die vier ausgewählten Unternehmen sollen – Stand Februar 2022 – insgesamt sieben Missionen durchführen. Drei weitere Aufträge werden wohl noch 2022 vergeben.

Die Liste ist weiterhin offen, es können später durchaus noch weitere Firmen als „eligible" dazukommen. Die NASA plant, jedes Jahr bis 2028 einen oder mehrere dieser kombiniert privatwirtschaftlich/institutioneller Missionen zu beauftragen. Der Gesamtwert dieser relativ kleinen, unbemannten Forschungsflüge wird sich bis zum Jahr 2028 auf etwa 2,6 Milliarden Dollar kumulieren.

Der XL-1-Lander von Masten Space (grafische Darstellung).

Sehen wir uns diese Mondmissionen einmal kurz an.

Als erstes soll die Peregrine Mission One von Astrobotic auf die Reise gehen. Peregrine (also Wanderfalke) ist der Name des Landegerätes. Den will das Unternehmen mit der neu entwickelten Vulcan-Trägerrakete der United Launch Alliance zum Mond senden. Der Preis dafür war sicher günstig, denn dies wird der Erstflug des neuen Trägers sein. Bei der Mission sollen 28 verschiedene Experimente in den Lacus Mortis (See des Todes) transportiert werden, 14 davon stammen von der NASA.

Astrobotic wird noch einen zweiten Auftrag mit der Bezeichnung VIPER abwickeln. Dazu wird der größere Griffin-Lander (Griffin = Greif) eingesetzt. VIPER ist die Bezeichnung des NASA-Rovers, der bei dieser Mission im Krater Nobile abgesetzt werden soll.

Intuitive Machines hat Aufträge für gleich drei Flüge bekommen. Es sind dies die Missionen Intuitive Machines Mission 1 (oder kurz IM-1) bis IM-3. Ihr Landegerät bezeichnen die Ingenieure des Unternehmens als Nova-C. IM-1 soll fünf NASA-Nutzlasten in die Grenzzone zwischen dem Mare Serenitatis und dem Mare Crisium transportieren. Mit dabei ist auch eine noch unbekannte Anzahl von Experimenten für weitere Kunden. Als Trägerrakete für alle drei Flüge will Intuitive Machines je eine Falcon 9 einsetzen.

IM-2 hat einen sehr ambitionierten Auftrag. Bei dieser Mission soll nämlich eine Bohrvorrichtung namens PRI-

Der Blue Ghost von Firefly (grafische Darstellung).

ME-1 zum lunaren Südpol gebracht werden. Dort wird man versuchen, eine Eisquelle unter dem Regolith anzuzapfen.

IM-3 wird neben NASA-Experimenten auch eine Nutzlast der europäischen Raumfahrtbehörde ESA mit an Bord haben. Zielort ist eine sehr interessante selenologische Formation, nämlich ein „Swirl“, eine Region ungewöhnlicher Helligkeit, bezeichnet als „Reiner Gamma“ (benannt nach dem naheliegenden Krater Reiner).

Masten Space wird seinen XL-1-Lander am lunaren Südpol absetzen. Hier liegen noch nicht viele Informationen vor, außer dass das Gewicht der Nutzlasten „mehrere hundert Kilogramm“ betragen solle. Gestartet wird auch hier mit einer Falcon 9-Rakete.

Firefly will zehn Nutzlasten bei der Blue Ghost (Blauer Geist) Mission im Mare Crisium absetzen. Und zwar mit dem gleichnamigen Lander. Auch hier soll eine Falcon 9 als Träger eingesetzt werden.

Diese sieben Missionen sollen alle zwischen Ende 2022 und dem ersten Quartal 2024 durchgeführt werden. Für die Abwicklung der Flüge will die NASA zwischen 77 (IM-1) und knapp 200 Millionen Dollar (für die VIPER-Mission) bezahlen.

► Soweit, so gut. Doch dies ist die heile NASA-Welt. In der Causa „Private Mondflüge“ gibt es nämlich einen Wermutstropfen. Aus vergaberechtlichen Gründen müssen alle Firmen, die mit der NASA zusammenarbeiten, ihren Geschäftssitz in den USA haben. Sie können sich zwar innerhalb eines gewissen Rahmens mit internationalen Partnern zusammentun, was auch einige machen, wie zum Beispiel Astrobotic, das mit Airbus in Bremen zusammenarbeitet, aber das Prinzip bleibt. Die an sich beispielhafte Initiative der NASA ist also ausschließlich US-Firmen vorbehalten.

Erstaunlicherweise aber zeigte sich, dass es für das „Mond-Business“ auch durchaus einen internationalen Bedarf gibt.

Noch vor den NASA-beauftragten Sonden hat bereits 2019 ein israelisches Privatunternehmen versucht, auf dem Mond zu landen. Das Landegerät trug die Bezeichnung „Beresheet“ und wurde von der israelischen Firma SpaceIL entwickelt und gebaut. Die Sonde war im Februar 2020 mit einer SpaceX Falcon 9 zum Mond gestartet und versuchte die Landung am

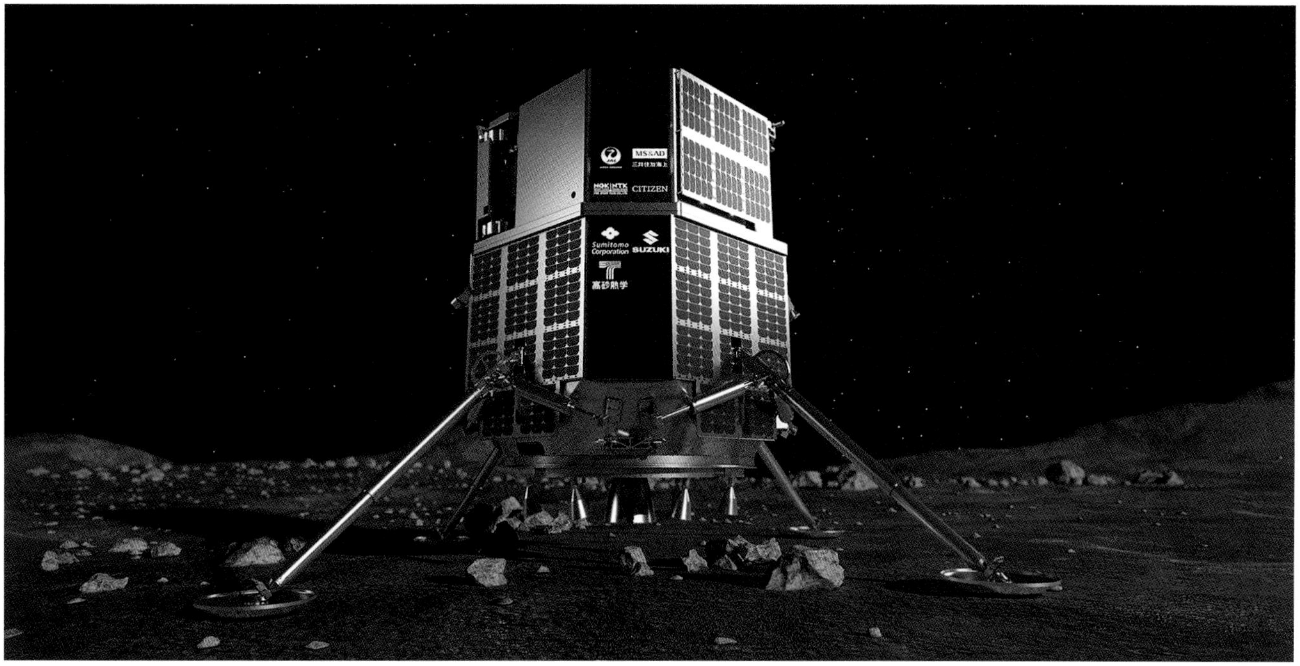

Der Hakuto-R-Lander von iSpace (grafische Darstellung).

11. April desselben Jahres. Die jedoch misslang leider. SpaceIL wird aber eine neue Sonde bauen – Beresheet 2 – und einen weiteren Landeversuch unternehmen.

Mit einer unternehmensrechtlichen Mischform probiert es das Unternehmen iSpace. Da es sich um eine japanische Firma handelt, hat es sich, um auch für das CPLS-Programm der NASA wählbar zu sein, nicht nur einen Zweigsitz in den USA zugelegt, sondern sich auch mit den US Draper Laboratories zusammengetan. Allerdings wurde iSpace in den ersten beiden Runden der NASA-Ausschreibungen nicht berücksichtigt. Der erste Lander des Unternehmens, Hakuto R-1, wird übrigens im Werk Lampoldshausen bei der Ariane Group gebaut und soll eine Nutzlast der Vereinigten Arabischen Emirate zum Mond bringen, einen Rover mit der Bezeichnung Rashid. iSpace hat eine langfristig angelegte Strategie, die sich über mehr als zehn Landevorhaben erstreckt.

Weitere Privatunternehmen wie Momentus Space, Quantum Space oder das britische Unternehmen TCT Aerospace bereiten sich gerade vor, ebenfalls etwas vom großen Kuchen der Mond-Euphorie abzubekommen.

Darüber hinaus sind, man darf das nicht vergessen, auch noch eine ganze Reihe „institutioneller“ Mondsonden anderer Länder in Vorbereitung und Planung. Und das sind nicht nur die „global Player“ auf dem Gebiet wie etwa China oder Russland. Selbst Länder wie Südkorea planen Mondorbiter und -lander mit dem „Korea Pathfinder Lunar Orbiter“ (kurz: KPLO), der noch 2022 gestartet werden soll, und einem Lander mit Rover, der 2025 auf die Reise gehen soll. Ersterer wird noch mit einer US-Rakete des Typs Falcon 9 gestartet, der Lander des Jahres 2025 soll dagegen mit einer südkoreanischen Trägerrakete des Typs Nuri auf den Weg gebracht werden.

Die vielfältigen privaten Aktivitäten auf dem Mond wären aber ohne den Anstoß, den die institutionellen Großprogramme, allen voran das US-ARTEMIS-Vorhaben geben, nicht denkbar gewesen.

Rocket Lab Neutron – Die zweite Generation

Rocket Lab-Firmengründer Peter Beck.

Einen Platz in diesem Buch bekommen soll auch die Neutron von Rocket Lab, denn sie wird, wenn alles nach Plan geht, nach dem Starship von SpaceX der zweite wiederverwendbare Träger der zweiten Generation.

Die Neutron ist eine zweistufige Trägerrakete der mittleren Mittelklasse, die sich gegenwärtig bei Rocket Lab in Entwicklung befindet. Erstmals erwähnt wurde sie, damals noch als vergleichsweise konservativer Entwurf, am 1. März 2021. Die Neutron wird in der Lage sein, eine Nutzlast von 8.000 Kilogramm in eine niedrige Erdumlaufbahn zu bringen. Sollte ein Kunde die Rakete in der „Expendable"-Variante kaufen, dann kann das Nutzlastgewicht bis auf 15.000 Kilogramm erhöht werden. „Expendable" bedeutet, dass aller Treibstoff an Bord für den Orbittransport verwendet wird, so dass kein Treibstoff mehr für den Rückflug zum Startplatz zur Verfügung steht. In diesem Fall müsste die Rakete (so wie alle bisherigen Raketen, bis SpaceX auf dem Markt erschien) „verbraucht" werden, und somit nicht mehr erneut eingesetzt werden.

Die Neutron-Produktionsanlage (grafische Darstellung).

War die 2021 vorgestellte Version der Neutron noch sehr klassisch gehalten, präsentierte das Unternehmen am 2. Dezember 2021 ein radikal geändertes Design. Die Form ist nun konisch und weist einen maximalen Durchmesser von sieben Meter auf. Ging man im ersten Entwurf noch davon aus, dass der Träger auf einer unbemannten Plattform im Meer landen würde, so wie das die Raketen von SpaceX in den meisten Fällen tun, wird es nun ausschließlich einen „return-to-launch-site" geben. Die erste Stufe der Rakete kehrt also auf jeden Fall wieder zum Land zurück, auch wenn das deutliche Einbußen in der Leistung zur Folge hat.

Auch die Nutzlastverkleidung wurde geändert. Anstatt eine konventionelle Fairing zu verwenden, die nach Verlassen der dichten Luftschichten abgeworfen und aus dem Meer geborgen wird, ist die neu konstruierte Schutzhülle nun ein integraler Bestandteil des Trägers.

Das Design der Rakete sieht an sich schon recht ungewöhnlich aus. Von ihrer Form her scheint sie einem Science Fiction-Movie der 50er-Jahre entsprungen zu sein. Mit der neuen Nutzlastverkleidung erinnert sie jetzt aber eher an die Rakete aus dem James Bond-Film „Man lebt nur zweimal" mit Jean Connery aus dem Jahre 1967. Diese Nutzlastverkleidung wird von Rocket Lab selbst als „Hungry Hippo" bezeichnet, also als „Hungriges Nilpferd".

Die Verkleidung ist nun fester Strukturbestandteil der ersten Stufe und verbleibt auch nach der Stufentrennung mit dieser verbunden. Die Paneele der Fairing öffnen sich wie gigantische Blütenblätter. Dann gibt die Neutron die zweite Stufe mit der Nutzlast frei, schließt die Paneele wieder und fliegt zurück zum Startplatz. Die zweite Stufe ist also mehr eine Fracht als ein integraler Bestandteil der Rakete. Äußerlich wirkt es dann nach der Landung so, als hätte die Rakete während des Fluges keine Veränderung erfahren. Und was die äußere Form betrifft, stimmt das auch.

Dieses Verfahren kostet zwar weiteren Treibstoff, denn die Nutzlastverkleidung dürfte einige hundert Kilogramm wiegen. Aber logistisch und finanziell ist das eine enorme Einsparung, denn gleich nach der Landung ist die Rakete bereit, mit einer neuen zweiten Stufe bestückt zu werden und gleich darauf wieder zu starten.

Dieses neue Design wird dazu führen, die Startfrequenz zu erhöhen. Es eliminiert die hohen Kosten und den enormen logistischen Aufwand der bisher (bei SpaceX) geübten Methode der Bergung auf See, und erlaubt es, die zweite Stufe leichtgewichtiger und agiler zu gestalten. Weiterhin kann man damit die Beschränkungen bezüglich des Designs der zweiten Stufe umgehen. Sie muss nun nicht mehr aerodynamisch verkleidet oder den dynamischen Belastungen des Winddrucks ausgesetzt werden. Sie wird eine etwa sechs Meter lange Kohlefaserverbundstruktur sein, ausgerüstet mit einem einzelnen vakuum-optimierten Archimedes-Triebwerk. Wiederverwendbar wird sie allerdings nicht sein.

Die Neutron-Rakete vor dem Start (grafische Darstellung).

Die Neutron setzt die zweite Stufe mit der Nutzlast ab (grafische Darstellung).

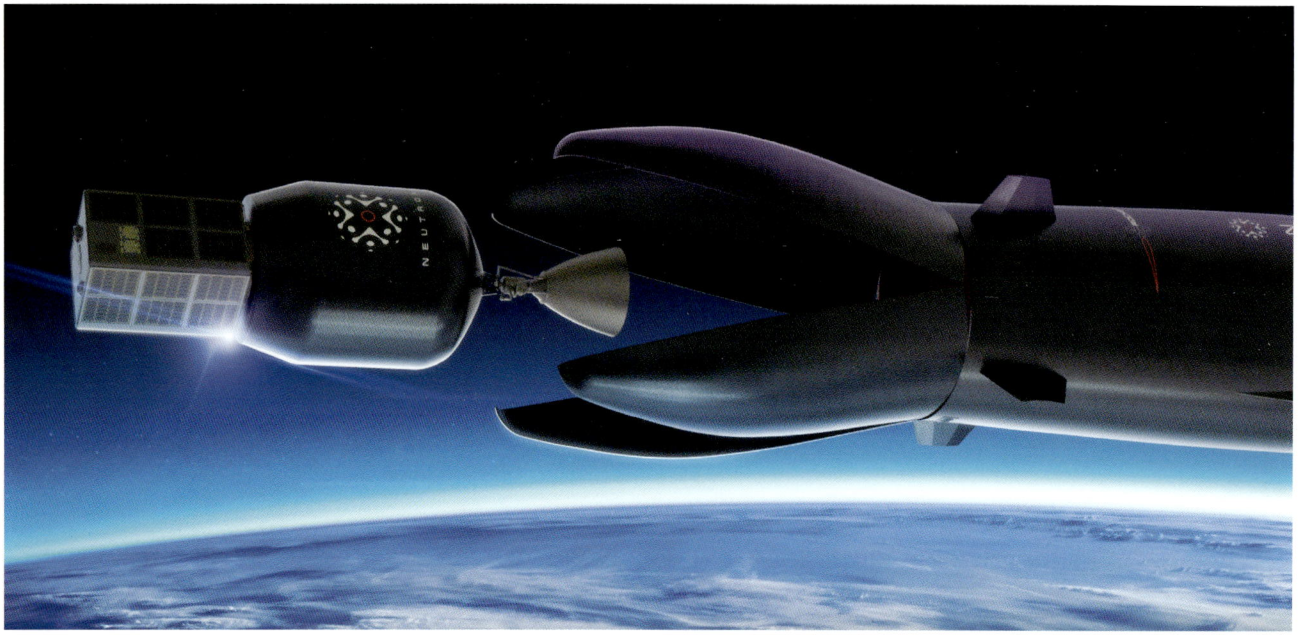

„Hungriges Nilpferd“ oder „Man lebt nur zweimal“. Das Design der Nutzlastverkleidung ist ungewöhnlich (grafische Darstellung).

Starten wird die Neutron vom Mid-Atlantic Regional Spaceport (MARS) in Virginia an der US-Ostküste. Rocket Lab wird dort in der Nähe auch ein Fertigungswerk errichten, das 250 neue Jobs bietet.

Die Neutron wird außerordentlich robust gebaut. Dadurch will man einen großen Teil der Start-Infrastruktur einsparen, die heutige Raketen sonst gemeinhin brauchen. So soll es keinen Startturm und keine Stützvorrichtungen geben. Die Rakete wird vollgetankt einfach auf ihren vier Beinen stehen können. Als Oxidator und als Treibstoff verwendet die Neutron in beiden Stufen flüssigen Sauerstoff und flüssiges Methan.

Der Zielmarkt liegt eindeutig bei den Mega-Konstellationen. Rocket Lab will die Neutron – oder eine verstärkte Version dieser Rakete – aber auch für zukünftige bemannte Missionen einsetzen.

Auf Grundlage der Erfahrungen, die das Unternehmen mit ihrem Kleinträger Electron gemacht hat, wird auch die Neutron fast vollständig aus Kohlefaserverbund-Werkstoffen bestehen. Sie wird damit die weltweit größte Rakete, die aus diesem Material besteht. Die Zusammensetzung des Komposit-Materials ist ein Firmengeheimnis.

SpaceX geht mit dem Starship bekanntlich einen anderen Weg. Hier wird schlichter rostfreier Stahl für die Struktur der Rakete verwendet. Kohlefaserverbundmaterial wird dort als zu teuer betrachtet.

Für die Neutron entwickelt Rocket Lab einen neuen Raketenmotor mit der Bezeichnung Archimedes. Dieses Triebwerk wird ebenfalls, wie die Struktur der Rakete, vielfach wiederverwendbar sein. Betrieben wird es mit flüssigem Sauerstoff und flüssigem Methan. Es wird eine Schubkraft von 1.000 Kilonewton entwickeln und einen spezifischen Impuls von 320 Sekunden aufweisen. Sieben dieser Triebwerke werden die erste Stufe antreiben, ein einzelnes Archimedes-Triebwerk wird für den Antrieb der zweiten Stufe sorgen.

Gegen Ende 2024 soll Rocket Labs neue Rakete erstmals von der Anlage 0A des MARS in den Orbit starten. Dann werden wir sehen, wie es der Neutron auf dem heiß umkämpften Trägermarkt geht.

Das Ende der ISS – Die Stunde der Privaten

Die Betriebskosten der Internationalen Raumstation werden heute zum weitaus überwiegenden Teil von der NASA bezahlt. Inklusive der Transporte von Besatzungen und Fracht und aller sonstigen Nebenkosten gibt die US-Raumfahrtbehörde etwa vier Milliarden Dollar jährlich dafür aus. Ein Betrag, der für die ehrgeizigen Zukunftspläne für den Mond und den Mars fehlt. Deshalb sind Ideen gefordert, um diese Situation zu ändern. Und dafür muss selbst die NASA über ihren eigenen Schatten springen.

Zuvor hatte es die US-Weltraumbehörde stets vehement abgelehnt und die einzelnen Vorstöße der russischen Raumfahrtagentur Roskosmos in diese Richtung nur recht angesäuert kommentiert. Im Mai 2019 änderte die NASA aber überraschend ihre Haltung. Seither akzeptiert auch sie Besucher auf der ISS. Nun kann jeder, der ein von der NASA genehmigtes kommerzielles Vorhaben beabsichtigt, körperlich fit genug ist, ein mehrmonatiges Ausbildungsprogramm absolviert und einen der wenigen Kontingentplätze ergattert

So sieht die ISS heute aus.

hat, sich auf der Internationalen Raumstation (ISS) aufhalten. Vorausgesetzt er oder sie zahlt 35.000 Dollar pro Tag an die Raumfahrtbehörde.

Das sind allerdings nur die reinen Übernachtungsgebühren. Dazu kommen noch die Kosten für den Transport in einem Crew Dragon-Raumschiff von SpaceX oder einem Starliner von Boeing. Die berechnen zwischen 55 und 70 Millionen Dollar pro Person. Obendrauf gibt es ein ganzes Sammelsurium nicht gerade niedriger Nebenkosten, wie etwa die Ausgaben für das Training. Insgesamt ist so ein Flug zum Außenposten der Menschheit alles andere als ein Schnäppchen. Aber grundsätzlich: Es geht. In den USA gibt es auch schon zwei Firmen, die so etwas organisieren: Space Adventures und Axiom Space. In Russland macht das die nationale Raumfahrtbehörde selbst, also Roskosmos.

Somit ist es vorbei mit der Ruhe auf der ISS. Schon seit Herbst 2021 gibt es jetzt dort, verglichen mit den früheren Jahren, einen geradezu tumultuösen Betrieb. Die Zeiten, in denen es pro Jahr nur zwei Expeditionscrews an Bord des Außenpostens gab, die jeweils mit Sojus-Raumschiffen dorthin befördert wurden, und deren Namen man schon Jahre im Voraus kannte, sind definitiv vorbei.

► Doch Moment mal … Hochbetrieb auf der ISS? Heißt es denn nicht seit langem, dass das Ende der Internationalen Raumstation nahe ist? Nicht ganz, denn in den letzten Jahren hat sich ein gewisser politischer Konsens zwischen den ISS-Partnern herausgebildet (auch wenn in diesem Februar 2022 gerade der Ton zwischen den USA und Russland recht toxisch ist), dass man die ISS bis etwa 2030 oder 2031 betriebsbereit halten will.

Doch Konsens hin oder her, gegen Materialermüdung kann auch der beste politische Wille nichts ausrichten. Die erste Komponente der ISS, das in Russland gebaute Sarja-Modul, wurde schon 1998 gestartet. Die Kernelemente der Station sind durchweg älter als 20 Jahre. In diesen zwei Jahrzehnten waren sie permanent den harschen Bedingungen des Welt-

Die beiden Module Nauka (das zylindrische Segment) und Prichal (das Kugelsegment darunter) sind erst Mitte 2021 an der ISS angedockt worden.

Die Module von Axiom-Space sollen die ISS etwa ab Ende 2024 erreichen (grafische Darstellung).

raums ausgesetzt. Täglich 16mal enorme Temperaturzyklen, Einschläge von Mikrometeoriten, strukturelle Dehnungen, Drehungen und Kompressionen. Nirgendwo sieht man das mehr als am russischen Swesda-Modul, in dem inzwischen immer mehr Risse und Mikrolecks gefunden werden. Sollte das nicht mehr reparierbar sein, dann muss dieses Modul möglicherweise sogar schon vor dem Jahr 2030 stillgelegt werden.

Auf der anderen Seite ist die ISS noch einmal deutlich gewachsen und wird das auch in den kommenden Jahren weiter tun. Auf russischer Seite gibt es seit 2021 die neuen Module Nauka und Prichal. Auf der US-Seite wird Axiom Space ab Mitte der 20er Jahre insgesamt vier neue Segmente am internationalen Teil der ISS ankoppeln. Und genau diese neuen Einheiten sind es, welche ihre Zukunft bestimmen.

In den frühen 30er Jahren wird die ISS im Weltraum auseinandergebaut. Nicht nur die neuen Einheiten, auch manche der älteren Module können weiter verwendet werden. An manchen aber hat der Zahn der Zeit so genagt, dass man sie stilllegen muss.

Ein großer Teil der ursprünglichen Raumstation bleibt übrig. Um sie zu „entsorgen“, gibt es mehrere Optionen. Die eine besteht darin, in einer sehr aufwendigen Aktion, die Kosten in immenser Höhe verursachen würde, die nicht mehr

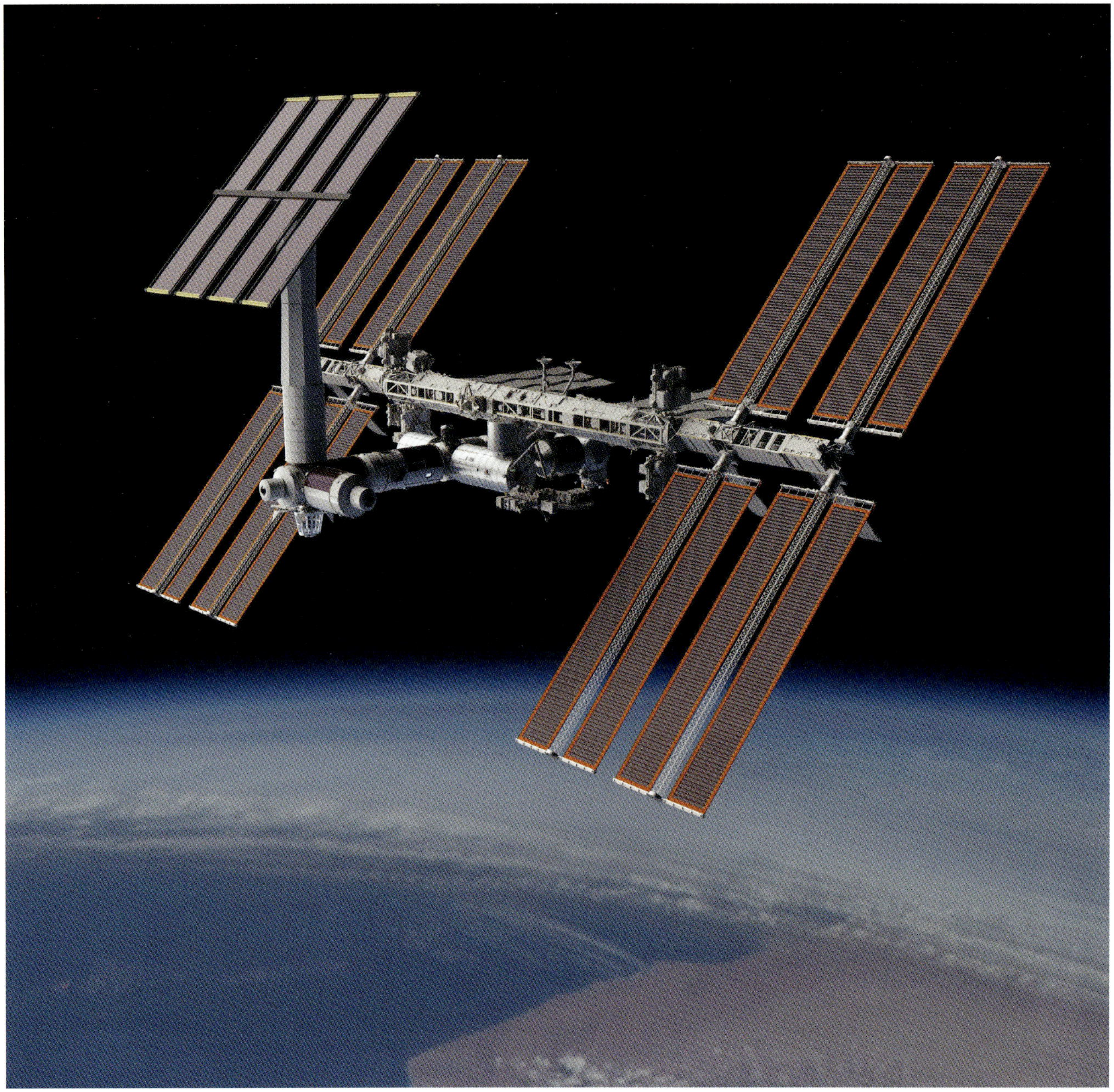

Die Axiom-Module an der ISS. Bald nachdem dieser Status erreicht ist, wird die Axiom-Modulgruppe abgekoppelt (grafische Darstellung).

brauchbaren Komponenten gezielt über dem Südpazifik zum Absturz zu bringen. Diese Möglichkeit wird heute viel diskutiert. Ich glaube aber nicht daran. Wenn man Teile der ISS tatsächlich unbedingt entsorgen will, kann man sie im Jahr 2030 mit einigen wenigen Flügen des Starship von SpaceX abholen, zur Erde bringen und ins Museum stellen.

Es gibt aber eine andere Möglichkeit, die viel schöner, romantischer, organisatorisch einfacher und vor allem deutlich billiger wäre. Sie besteht darin, die ISS auf eine höhere und relativ unbelebte Umlaufbahn zu schieben, vielleicht 1.200 Kilometer hoch, knapp unterhalb der Strahlungsgürtel der Erde. Dort erklärt man sie zum Weltkulturerbe. Als Reiseziel für spätere Touristen und Historiker. In dieser Höhe bliebe die Bahn der ISS über viele Jahre stabil, ohne dass große Investitionen an Treibstoff und Antriebsinfrastruktur nötig sind. Man könnte einen solchen Orbit als die 500-Jahre-Bahn bezeichnen. Alle fünf bis zehn Jahre würde ein geringer Schub eines kleinen Antriebsmoduls genügen, um die Rest-ISS stabil auf dieser Höhe zu halten. Sie verbliebe dann als im wahrsten Sinne des Wortes leuchtendes Symbol für den

So könnte das kugelförmige SEE-Modul angedockt an einer Axiom-Einheit aussehen (grafische Darstellung).

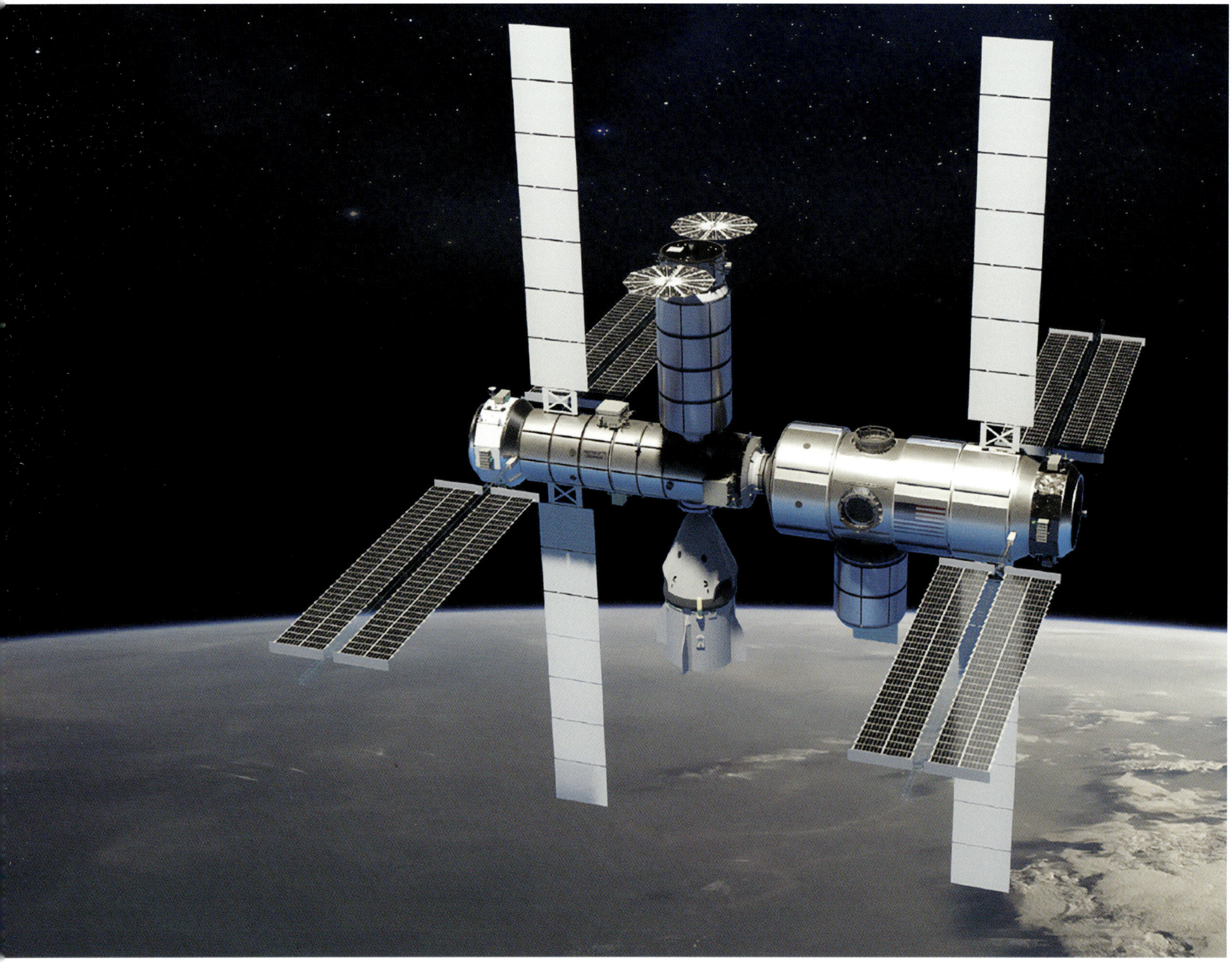

Abschluss der ersten Phase der bemannten Raumfahrt gut sichtbar am Nachthimmel.

► Doch ganz gleich, was immer man mit der dann „ehemaligen" ISS macht: Vor allem in den USA besteht ein Konsens in der Politik, dass es keinesfalls zu einer Lücke im Betrieb von Raumstationen im niedrigen Erdorbit kommen darf. Dieses Empfinden ist noch ausgeprägter, seitdem auch China eine eigene nationale Raumstation betreibt. Die NASA hat sich nun einen Plan einfallen lassen, damit genau das nicht passiert und will an dieser Stelle die Privatindustrie mit ins Spiel bringen.

Die ist in den letzten Jahren „erwachsen" geworden. Das Modell der Transporte von Astronauten und Fracht zur ISS durch die Firmen SpaceX und Northrop Grumman hat sich als sehr erfolgreich erwiesen, und die NASA will es weiter verfolgen. Die Idee dahinter ist, dass die NASA nicht mehr länger selbst eine Raumstation betreibt, sondern dass dies Privatunternehmen tun. Konstruktion, Bau, Betrieb, die gesamte Logistik von Fracht- und Besatzungstransfers wird der Industrie übergeben. Die Rolle der NASA wird danach die eines „Ankermieters" sein, neben dem es noch mehrere weitere Nutzer aus dem privaten Sektor gibt. Und am Ende soll es auch nicht nur eine Station geben, sondern idealerweise mehrere. Zwei, drei oder sogar vier.

Als ersten Schritt in Richtung Kommerzialisierung ist die Erlaubnis der NASA an Axiom Space zu sehen, ein Kontingent von „Privatastronauten" für kurze Besuche zur ISS zu bringen. Dieses Kontingent ist auf ein bis zwei Visiten pro Jahr begrenzt und beginnt mit der Axiom-1-Mission, die in Kapitel 7 beschrieben ist. Die erste Mission sollte Ende März 2022 erfolgen, kurz nach Redaktionsschluss für dieses Buch. Eine weitere Mission – Axiom-2 – ist für den Spätherbst 2022 geplant.

Diese Erlaubnis ist aber nur ein Aspekt, denn zusätzlich hat Axiom Space einen weiteren Wettbewerbsvorteil gegenüber seinen potentiellen Konkurrenten erzielt, als das Unternehmen im Februar 2020 eine Ausschreibung der NASA gewann. Im Rahmen des daraufhin erteilten Auftrages unterzeichnete das Unternehmen einen Vertrag über 140 Millionen Dollar, um ein zusätzliches Wohn- und Arbeitsmodul für die ISS zu bauen. Dieser Zuschlag gibt Axiom Space zusätzlich das Recht, sein neues Modul am Dockingknoten 2 festzumachen.

Das schlägt dann mehrere Fliegen mit einer Klappe. Zum einen kann Axiom Space seine Module im Weltraum erproben – die Struktur dafür wird übrigens bei Thales Alenia Space in Italien gebaut – zum anderen wird es damit aber auch Wohnquartiere für besuchende Privatastronauten zur Verfügung haben, so dass ab Ende 2024 mehr als nur zwei Privatbesatzungen jährlich dorthin fliegen können.

Weitere Module sollen folgen und das Axiom Space-Segment an der ISS weiter ausbauen. Bei Betriebsende der Raumstation, 2030 oder 2031, wird dieser Modulverbund dann abgetrennt und beginnt sein Einsatzleben als eigenständige frei fliegende Einheit.

Es sieht übrigens ganz so aus, als würde eines dieser neuen Module von einem Filmstudio kommen. Das britische Unternehmen Space Entertainment Enterprise (SEE) hat nämlich angekündigt, ein Filmproduktionsstudio an einem der Axiom-Module anzukoppeln. Und zwar noch bevor die Trennung von der ISS erfolgt. Ein entsprechender Vertrag soll mit Axiom Space schon unterzeichnet sein.

SEE ist auch Co-Produzent eines Space Movies mit Tom Cruise. Für diesen Film hatte der Schauspieler bereits vor einiger Zeit seine Absicht kundgetan, Teile davon im Orbit zu drehen. Nun hat also FEE Axiom Space beauftragt, bis Ende 2024 ein großes, aufblasbares Raumstationsmodul zu produzieren, das solch ein orbitales Filmstudio aufnehmen kann. In der SEE-Presseerklärung wurde bekannt gegeben, dass das SEE-1 Modul (so der Name der Einheit) dafür vorgesehen sei, *„Film-, Fernseh-, Musik- und Sportveranstaltungen auszurichten, und Künstler, Produzenten und Kreative aufzunehmen, die Inhalte in der Schwerelosigkeit erstellen möchten. Die Einrichtung wird die Entwicklung, Produktion, Aufzeichnung, Ausstrahlung und das Livestreaming von Inhalten aus dem Orbit ermöglichen*".

Die geplante private Raumstation von Northrop Grumman (grafische Darstellung).

Die anderen Anbieter von „Privatraumstationen" haben den Startvorteil von Axiom Space nicht. Die müssen von Anfang an „frei fliegende" Raumstationen konzipieren, komplett mit allem Drum und Dran. Vom eigenen Antriebs-, Lageregelungs- und Energieversorgungssystem bis hin zur Logistik für die Verbrauchsgüter, die Ausrüstung und die Ersatzteile, die für den Betrieb ihrer Stationen notwendig sind. Axiom Space hat anfangs den Vorteil, sich darum nicht kümmern zu müssen und die Vorräte und Infrastruktur der ISS mitnutzen zu können. Wenn dann jedoch eines Tages die Trennung erfolgt, dann sind auch sie auf sich allein gestellt und müssen eigene Ressourcen nutzen.

► Die NASA hat in der Zwischenzeit nicht nur an Axiom Space einen Vertrag für die Nachfolge der ISS gegeben, sondern auch eine mit insgesamt 416 Millionen Dollar Auftragswert dotierte Ausschreibung für Anbieter frei fliegender privater Raumstationen gestartet. Am 2. Dezember 2021 wählte die NASA drei Konsortien aus. Team 1 bestehend aus den Firmen Blue Origin, Sierra Space, Boeing und Redwire. Team 2 mit Nanoracks, Lockheed Martin und Voyager Space und Team 3 mit Northrop Grumman und Dynetics.

Diese drei erhielten jeweils zwischen 130 und 160 Millionen Dollar. Mit diesem Geld sollen sie ihre Konzepte bis zum „Preliminary Design Review" führen. Das ist die Stufe, nach deren erfolgreichem Ende die Detailkonstruktion beginnt. Mit den Entwürfen der Teams 1 und 2 beschäftigen wir uns in den folgenden beiden Kapiteln. Zum Entwurf von Northrop Grumman und Dynetics sei nur so viel gesagt, dass er das kleinste der drei angebotenen Systeme ist, aber trotzdem von Beginn an mindestens vier und später bis zu acht Personen aufnehmen kann.

Zu diesen drei Teams können durchaus noch weitere dazukommen. So könnte beispielsweise auch SpaceX noch mit ins Spiel kommen, und eines seiner massiven Starships zur Raumstation umbauen. SpaceX ist dafür bekannt, auch ohne Fördergelder initiativ zu werden.

Für die weiteren Arbeiten bis zum so genannten Critical Design Review und dann weiter in die Bauphase hinein, wird es zusätzliches und mehr Geld für die einzelnen Anbieter geben. Aber, und das ist die Devise in diesem Projekt, nie mehr als maximal 40 Prozent der Kosten. 60 Prozent oder mehr muss die Industrie selbst bezahlen. Dafür werden die Betreiber dieser Stationen auf institutionelle Aufträge zählen können, sowie auf das Geld, das private Nutzer hereinbringen, angefangen vom Raumfahrttourismus über Forschung bis zur Entwicklung und Produktion im Weltraum. Jede dieser Raumstationen dürfte am Ende etwa drei (Northrop Grumman) bis zehn Milliarden Dollar (Blue Origin) kosten. Angefangen von der ersten Zeichnung bis zur Ankunft des ersten Kunden im Orbit.

Die Entwicklung der Station und ihrer Module ist bei der NASA im Übrigen nur der erste Teil eines größeren Paketes. In einer zweiten Phase des riesigen Förderprogrammes würde dann die NASA auch noch die Transportdienstleistungen für Fracht und Crews zu und von diesen kommerziellen Raumstationen beauftragen.

► Noch einmal zurück zum Ende der ISS. Internationale Module, die noch verwendbar sind, können entweder an der Axiom-Station weiter Dienst tun, an eine der frei fliegenden privaten Stationen angekoppelt werden (sofern sich diese Stationen auf der selben Inklination wie die ISS befinden), oder vielleicht sogar zum lunaren Gateway verbracht werden und dort noch für den Rest ihrer technischen Lebenszeit nützlich sein.

Ganz ähnlich verhält es sich mit den noch verwendbaren Modulen des russischen Segments. Nach seiner Abtrennung wird es eine eigene nationale Weltraumbasis von der Größe der ehemaligen Raumstation Mir bilden.

Alles zusammen sollten um das Jahr 2030 oder bald danach insgesamt sechs bis acht Außenposten im Weltraum existieren. Mindestens eine, wahrscheinlich aber zwei bis drei US/Internationale Stationen, eine russische und eine chinesische Station, sowie eine kleine indische Raumstation. Zusätzlich sollte bis dahin der lunare Gateway in der Mondumlaufbahn existieren und möglicherweise bahnt sich 2030 oder kurz danach schon die permanent besetzte ARTEMIS-Mondstation an. Vielleicht gibt es dann sogar zwei Mondbasen, denn auch China plant ja eine bemannte Mondstation mit russischer Beteiligung.

Starlab

Starlab wird die kleinste der drei in Entwicklung befindlichen privaten Raumstationen. Zumindest in seiner frühen Phase. Entstehen wird es unter der Leitung der Firmen Lockheed und Nanoracks. Es wird ein nutzbares Raumvolumen von ungefähr 350 Kubikmeter aufweisen und sollte idealerweise bis 2027 in Dienst gehen. Genau wie das Orbital Reef von Blue Origin und die Station von Northrop Grumman wird auch das Starlab permanent besetzt bleiben. Die Standardbesatzung soll vier Personen umfassen, entsprechend der Anzahl an Astronauten, die ein Crew Dragon, ein Starliner oder ein bemannter Dream Chaser aufnehmen kann.

Nanorack ist – verglichen mit einem Aerospace-Giganten wie Lockheed Martin – ein sehr kleines und relativ junges Unternehmen. Es hat aber bereits umfangreiche Erfahrung im Raumfahrtgeschäft bei der Betreuung und Entwicklung von Nutzlasten aller Art gewonnen. In der kurzen Lebenszeit seines Bestehens hat Nanorack bereits mehr als 1.300 Satelliten und Experimente betreut und von daher weltweit die größte Erfahrung mit diesen Dingen außerhalb der großen staatlichen Raumfahrtagenturen.

So ließ das Unternehmen im Dezember 2020 im Rahmen einer routinemäßigen Versorgungsmission mit einem Dragon-Raumschiff ein kommerzielles Luftschleusenmodul zur ISS bringen. Außerdem arrangiert es die Anbringung von Nutzlasten kommerzieller Kunden in der Internationalen Raumstation und baut Absetzvorrichtungen für Cubesats. Das Geschäftsmodell des Unternehmens besteht in der Bereitstellung der administrativen Voraussetzungen und der Infrastruktur, die für Start und Betrieb einer Nutzlast im Weltraum notwendig sind. Es ist also für die Sicherstellung des operativen Betriebs einer Nutzlast im Weltraum zuständig, sowie für Entwicklung und Bau von „Interfaces“, den Schnitt- und Verbindungsstellen, ohne die nichts geht. Im Grunde sorgt es

Das Nanorack/Lockheed Starlab (grafische Darstellung).

Angaben über die Kosten, den Finanzierungsplan oder auch nur, welches Fahrzeug eingesetzt werden soll, um Besatzungen und Fracht zum Starlab zu schaffen, sind derzeit noch nicht bekannt. Allerdings ist in Abbildungen des Konzeptes gelegentlich der Crew Dragon von SpaceX für diesen Zweck zu sehen.

Der Kundenkreis soll so weit wie möglich gefasst sein. Nanorack/Lockheed denken hier nicht nur an den privaten Sektor, sondern auch an Raumfahrtagenturen weltweit. Vor allem die Agenturen kleinerer Länder, die sich ein eigenes bemanntes Raumfahrtprogramm nicht leisten können oder wollen. Sie könnten dann im Starlab, quasi als Mieter, bemannte Raumfahrt betreiben.

Im Inneren des großen aufblasbaren Habitats könnte es richtig gemütlich werden (grafische Darstellung).

dafür, dass ein Interessent seine Nutzlast im Weltraum überhaupt erst betreiben kann. Für ein solches Unternehmen wäre ein eigener Zugang zu einer eigenen Raumstation natürlich großartig.

Die Erfahrung von Lockheed im Raumfahrtsektor ist unbestritten. Dieses Unternehmen wird denn auch die wesentlichen Strukturelemente des Starlab entwickeln und bauen. Das sind vor allem das große aufblasbare Habitat, das Docking-Modul, ein Antriebs- und Energiesegment und einen Robotarm für das Handling von Nutzlasten und Experimenten und die Unterstützung von Außenbordmanövern. Die gesamte Ausrüstung, die Einrichtung und der Betrieb der Station werden dann von Nanorack übernommen.

Wie Blue Origin, Northrop Grumman und Axiom will auch das Nanorack/Lockheed-Team bemannte Raumfahrt als Service weltweit anbieten. Für Forschung, Wissenschaft, und Fertigung. Für Tourismus, die Filmindustrie oder Werbekunden. Wer für welchen Zweck auch immer eine Produktions-, Forschungs- und Freizeitstätte im Orbit benötigt.

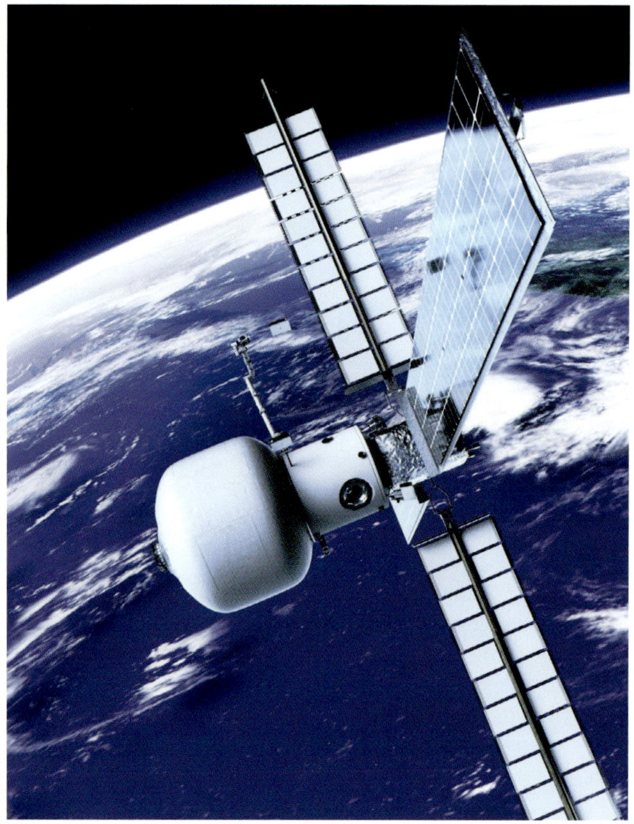

Eine weitere Ansicht des Nanorack/Lockheed Starlab (grafische Darstellung).

Orbital Reef

Ein Boeing-Starliner erreicht das Orbital Reef (grafische Darstellung).

Die Ankündigung kam auf dem Internationalen Astronautischen Kongress in Dubai, der vom 25.-29. Oktober 2021 lief. Zwei Privatunternehmen, nämlich Blue Origin und Sierra Space, gaben bei dieser Veranstaltung ihre Absicht bekannt, gemeinsam eine große modulare private Raumstation zu entwickeln. Ihr Name: Orbital Reef, also Orbitales Riff oder Riff im Orbit.

Bei einer Pressekonferenz erläuterten sie der versammelten Presse, dass sie in der zweiten Hälfte der 20er-Jahre beabsichtigen, die Basiskonfiguration dieser Station zu starten. Sie soll aus einem Zentralmodul bestehen, einem Wohnmodul und einem oder mehreren Wissenschaftsmodulen. Das Orbital Reef wird groß werden, größer als der Entwurf der Konkurrenten Northrop Grumman und Nanoracks, und etwa 90 Prozent des Raumvolumens zur Verfügung stellen, das heute auf der Internationalen Raumstation existiert. Genau 830 Kubikmeter. Bis zu zehn Menschen sollen im Orbital Reef zu einem bestimmten Zeitpunkt gleichzeitig arbeiten können.

Blue Origin, die Raumfahrtfirma des Amazon-Gründers Jeff Bezos, wird dabei das Kernmodul entwickeln, und die gesamte Station mit seiner (ebenfalls noch in Entwicklung befindlichen) New Glenn Trägerrakete in den Orbit bringen. Sierra Nevada wird ein großvolumiges aufblasbares Habitat mit der Bezeichnung LIFE (für: Large Integrated Flexible Environment) liefern und den wiederverwendbaren Dream Chaser für Fracht- und später möglicherweise auch für Personentransporte zur Verfügung stellen.

Das LIFE-Habitat wird erhebliche Dimensionen aufweisen (grafische Darstellung).

Im Inneren des LIFE-Habitates wird es viel Platz geben (grafische Darstellung).

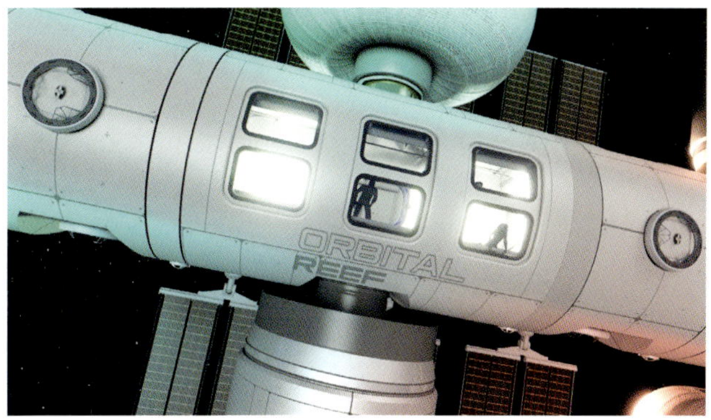

Diese grafischen Darstellungen von Innen- und Außenansichten des Orbital Reef zeigen, wieviel Platz verfügbar ist, und wie er verwendet werden könnte. Forschungsanlagen (links oben) wechseln mit Gewächshäusern (links unten), Wohn- und Gemeinschaftsanlagen (rechts oben) bis hin zu Freizeitbereichen mit Ausblick auf die Erde (rechts unten).

Das Orbital Reef in einer späteren Ausbaustufe. In dieser erweiterten Version könnten zwei bis drei Dutzend Menschen leben (grafische Darstellung).

Eines der Zubringerfahrzeuge des Orbital Reef wird der Dream Chaser von Sierra Space werden. Auch in der bemannten Version wird er über keine Fenster verfügen. Die Außenwelt kommt über ein ausgeklügeltes Kamera- und Bildschirmsystem ins Cockpit (grafische Darstellung).

Dieses Ein-Personen-Raumfahrzeug wird Genesis Engineering Solutions beisteuern (grafische Darstellung).

Boeing, das als weiterer Partner mit an Bord ist, wird ein Wissenschaftsmodul beisteuern, die Station betreiben und ebenfalls Astronauten und Fracht zur Station bringen, und zwar mit seinem bemannten Starliner-Raumfahrzeug. Die Firma Redwire Space wird für den operationellen Betrieb in der Station verantwortlich sein, sowie für Forschung und Fertigungsprozesse an Bord des Außenpostens. Ein sehr interessanter Beitrag zu dem Projekt kommt von Genesis Engineering Solutions, das ein Ein-Personen-Raumfahrzeug für Wartungsarbeiten außerhalb der Station aber auch für touristische Ausflüge entwickeln will. Eine Mischung aus Mini-Raumschiff und vergrößertem Raumanzug. Und schließlich ist noch die Arizona State University an Bord, deren Aufgabe es ist, die akademische Gemeinschaft für das Projekt zu gewinnen.

Von den vier Projekten für private Raumstationen ist das Orbital Reef das mit Abstand aufwendigste, teuerste und ambitionierteste. Verglichen mit den Kosten für Konstruktion und Bau der Internationalen Raumstation wird es aber immer noch eine ganze Größenordnung darunter liegen. Die Errichtung der ISS kostete etwa 100 Milliarden Dollar. Blue Origin und Sierra Space rechnen mit etwa einem Zehntel dieses Betrages für das Orbital Reef.

Jeff Bezos bezeichnete das Orbital Reef als „mixed use business park in space“ und als „exotic hospitality“ für Weltraumtouristen. Also in etwa ein „Gewerbepark im Weltraum mit Mischnutzung“ und einen „exotischen Freizeit- und Arbeitsstandort“.

Einiges an Hardware, die man für das Orbital Reef benötigt, ist heute schon verfügbar. So befindet sich die New Glenn Rakete schon in einem fortgeschrittenen Entwicklungsstadium, die Technologie für das Kernmodul ist fertigungsreif, die Frachtversion des Dream Chasers nahezu einsatzbereit und die Crew-Variante in Entwicklung.

Ein Aspekt, der bereits in Kapitel 14 angeschnitten wurde, kommt hier im Übrigen auch noch ins Spiel: Blue Origin hat angekündigt die noch brauchbare Hardware von der ISS zu übernehmen, wenn die denn Anfang der 30er-Jahre aus dem Betrieb genommen wird.

Mit dem Orbital Reef schwebt seinem Ideengeber Jeff Bezos nichts Geringeres vor, als die Neuerschaffung der ISS in modernerer Form. Selbst in der ersten Ausbaustufe – wir haben es eingangs schon festgestellt - wird sie kaum weniger nutzbares Raumvolumen aufweisen als die heutige Internationale Raumstation. Wichtig ist jedoch: Sie kann mit zunehmendem Bedarf wachsen. Es gibt nur wenige standardisierte Modultypen, die leicht aneinandergefügt werden können.

Das Orbital Reef könnte schon bald nach seiner Gründung eine Größe erreichen, mit der es zum ersten wirklichen Sozialgefüge im Weltraum wird. Ein kleines Dorf mit mehreren Dutzend Einwohnern und einem weitgehend geschlossenem Ökosystem. Damit wird es auch zu einem Versuchslabor für die permanente Präsenz vieler Menschen im Weltraum.

Kreuzfahrt zu Mond und Mars

Wir haben es schon in Kapitel 7 gesehen: raumfahrtverrückte Milliardäre gibt es gar nicht wenige. Dort sind wir auch auf den japanischen Unternehmer Yusaku Maezawa gestoßen. Er hat schon früh mit SpaceX Kontakt aufgenommen, um als erster Privatraumfahrer weltweit einen Flug zum Mond organisiert zu bekommen. Nein, keine Landung auf dem Erdtrabanten, aber immerhin eine so genannte zirkumlunare Mission. Das ist im Grund ein hochelliptischer Erdorbit. Eine sehr langgezogene Ellipse mit einem oberen Scheitelpunkt in einer Erdentfernung von etwa 400.000 Kilometer. Der Zeitpunkt des Abfluges von der Erde wird so gelegt, dass der Flug dann im Scheitelpunkt der Ellipse um den Mond herum führt, zirkumlunar eben. Eine Mondumlaufbahn wird dabei nicht erreicht, eine Landung gleich zweimal nicht, aber man kann die Bahn so gestalten, dass der Vorbeiflug am Mond in nur wenigen dutzend Kilometer Abstand erfolgt.

Im Februar 2017, als die Idee aufkam, war geplant gewesen, diesen Flug mit einem Crew-Dragon Raumschiff auf einer Falcon Heavy-Rakete durchzuführen. Mit dem sollten zwei Passagiere, einer von ihnen eben Maezawa, den Mond umfliegen. Das wäre ein Sechs-Tage-Trip gewesen. Solche Flüge hatten die Sowjets schon in der zweiten Hälfte der 60er-Jahre geplant, leider aber war ihr Gerät, vor allem die Proton-Trägerrakete, dann nicht zuverlässig genug, um das auch zuzulassen. Die Testflüge scheiterten jedenfalls reihenweise.

Als die sowjetischen Ingenieure schließlich die Zuverlässigkeit ihrer Ausrüstung soweit im Griff hatten, dass so ein Flug hätte durchgeführt werden können, war die Gelegenheit auch schon vorbei. Die Amerikaner beherrschten da schon „richtige" Mondorbitflüge und vor allen Dingen auch die Landungen auf dem Erdtrabanten. Zu einer Zeit, in der die Sowjets keine Gelegenheit ausließen, die Überlegenheit des sowjetischen Systems zu demonstrieren, fanden sie, dass es

Ein Starship von SpaceX vor dem Abflug in Boca Chica.

Stufentrennung auf dem Weg zum Orbit (grafische Darstellung).

peinlich gewesen wäre, viel weniger auch noch viel später zu erreichen. So ließen sie es sein und behaupteten jahrzehntelang, dass sie ohnehin keine Mondflüge vorgehabt hätten.

Im Jahr 2018 entschied sich Elon Musk dafür, die Falcon Heavy nicht „man rated" zu machen. Er befand den konstruktiven Änderungsaufwand dafür nicht für wert, denn zu diesem Zeitpunkt begann er bereits mit der Entwicklung des Starship, der gigantischen Rakete, mit der eines Tages Mars-Kolonien geschaffen werden sollen. Die Entwicklung des Starship betrieb SpaceX zu dieser Zeit im Übrigen vollständig auf privater Basis und auf eigene Kosten.

Die Vereinbarung mit Maezawa wurde daraufhin im September 2018 geändert. Die zirkumlunare Mondmission soll nun 2023 oder 2024 mit dem Starship erfolgen. Zu diesem Zeitpunkt hatte SpaceX allerdings gar kein „mondfähiges" Starship in petto, denn die Planung lief ausschließlich in Richtung Erdorbit-Versionen und Marsflug-Varianten. Maezawa erklärte sich zwar bereit, einen Teil der Entwicklungskosten mit zu tragen, man kann aber davon ausgehen, dass das bei der Größe des Projektes ein eher kleiner Prozentsatz ist. Die Sache wäre also recht teuer geworden für SpaceX.

An dieser Stelle kam ein Quäntchen Glück dazu, denn völlig überraschend entschied sich die NASA im April 2021 dafür, die Firma SpaceX mit ihrem Lunar Starship zum alleinigen Anbieter für zwei Testmissionen des ARTEMIS-Mondlandeprogrammes zu machen.

Diese Auswahl war allerdings weniger dem Umstand geschuldet, dass die NASA Gefallen an einem technologisch riskanten neuen System gefunden hatte, sondern eher der klammen Finanzsituation der Agentur, die kein anderes Konzept zuließ als eine Beteiligung an Elon Musks Starship. Die beiden Konkurrenten Blue Origin und Dynetics, die sich ebenfalls mit ihren Konzepten beworben hatten, verlangten für die Durchführung der Systementwicklung einschließlich der ersten beiden Testflüge das Doppelte, respektive das Dreifache der Summe von SpaceX.

So bekam Elon Musk im Grunde staatliches Fördergeld dafür, dass er eine Modifikation seines Marsraumschiffes entwickelt, um damit auch zum Mond zu kommen. Oder in diesem Fall einfach um den Mond herum.

Nachdem die Nutzlastkapazität des Starship, auch in der lunaren Version, gigantisch ist, konnte Yusaku Maezawa nun etwas großzügiger planen. Er will seine Mondumfliegung als Kunstprojekt inszenieren. Sechs bis acht Künstler sollen ihn auf der Reise begleiten und anschließend (oder womöglich schon während) der Reise Kunstwerke schaffen, die von dem Erlebnis inspiriert sind.

Um ein Starship in eine hochelliptische Umlaufbahn zu bringen, und danach wieder zurück in eine niedrige Erdumlaufbahn, sind auch bei diesem hochentwickelten Fahrzeug volle Tanks notwendig. Der Einsatz des Lunar Starship erfordert einen erheblichen Vorbereitungsaufwand in der Erdumlaufbahn. Es benötigt im Vorfeld nicht weniger als acht bis zehn Starts von Boca Chica oder dem Kennedy Space Center aus mit Treibstofftransportern in die Erdumlaufbahn, die zunächst ein so genanntes Orbitaldepot betanken. Erst wenn dieses befüllt ist, startet das Lunar Starship, dockt am Depot an und pumpt den dort gespeicherten Treibstoff in die eigenen Tanks um. Etwa 1.200 Tonnen.

Wenn Maezawa fliegt, dann hat er übrigens schon nicht mehr alle Risiken zu tragen, die ein Flug mit dem Starship bringen kann, denn es wird nicht der erste bemannte Einsatz dieses Vehikels sein. Diesen ersten bemannten Testflug wird ein anderer Privatastronaut durchführen, nämlich Jared Isaacman, entweder alleine oder mit einer noch zu benennenden Crew. Wir sind diesem privaten Pionier der Raumfahrt schon in Kapitel 7 dieses Buches begegnet. Der bemannte Starship-Erstflug gehört zum Gesamtpaket von drei Flügen, die Isaacman von und für SpaceX im Rahmen seines „Polaris"-Programms durchführen will.

Ist das Umtanken im niedrigen Erdorbit abgeschlossen, dann reichen die Treibstoffmengen an Bord aus, um den

Das Starship gleitet über die Mondoberfläche (grafische Darstellung).

Transfer zum Mond zu beginnen. Die sechs für das Vakuum optimierten Raptor-Triebwerke zünden und beschleunigen das Raumschiff von 7,8 Kilometer pro Sekunde auf 10,9 Kilometer pro Sekunde. Diese Geschwindigkeit ist notwendig, um die Bahnellipse bis auf 400.000 Kilometer Erdabstand zu strecken. Drei Tage dauert es nun, den Erdtrabanten zu erreichen, sich von seiner Schwerkraft herumschwingen zu lassen und wieder den Rückflug zur Erde zu beginnen. Dieser Teil der Strecke dauert erneut drei Tage.

Dann steht das kritische Bremsmanöver bevor, welches das Starship wieder in eine niedrige Erdumlaufbahn bringt. Ist das erreicht, dann sollte am Ende immer noch genug Sprit in den Tanks sein, um weitere 300 Meter pro Sekunde aufzuwenden, um von dort aus den Abstieg zur Erde durchzuführen. Denkbar wäre es auch, das Rückkehrbremsmanöver in einer einzigen Brennphase durchzuführen.

Insgesamt wird diese erste private Mondreise etwa sieben bis acht Tage dauern, je nachdem, wieviel Zeit es braucht, den Treibstofftransfer zu Beginn der Mission durchzuführen.

Der gesamte Geschwindigkeitsbedarf für alle Brennmanöver zusammen beträgt etwa 6,2 Kilometer pro Sekunde. Das liegt in den berechneten Möglichkeiten des Starship. Somit wird dieses Vehikel zum ersten cislunaren „Kreuzfahrtschiff" in der Geschichte der Raumfahrt werden. Gelingt die Entwicklung des Starship, und dafür stehen die Zeichen bei Drucklegung dieses Buches gut, dann wird seiner privaten Nutzung für Missionen ins Sonnensystem nichts mehr im Wege stehen, egal ob zum Mond, Mars oder zu den Asteroiden, für Forschung, für Ressourcengewinnung im Weltraum, für den Bau großer Anlagen im Erdorbit, wie etwa Sonnenkraftwerke. Für alle Zwecke, die man sich bei der zukünftigen Nutzung des Weltraums vorstellen kann.

Das Starship kehrt nach Boca Chica zurück.

Atomkraft für die Raumfahrt

Ein Pro Atomkraft-Thema in einer deutschen Publikation vorzustellen ist nicht ganz einfach. Das Thema ist hierzulande hoch emotional besetzt und polarisiert ungemein. Das blockiert naturgemäß jede vernünftige Auseinandersetzung. Man mag das alleine daran erkennen, dass in Deutschland perfekt funktionierende und sichere Atommeiler mit einer komplett neutralen CO_2-Bilanz zugunsten von noch jahrzehntelang weiter laufenden Gaskraftwerken abgeschaltet werden. Eine Haltung, bei der man sich weltweit nur verwundert die Augen reibt.

Aber ob es uns nun gefällt oder nicht: Zumindest was die Raumfahrt betrifft, kommen wir mittel- und langfristig nicht um die Atomkraft herum. Wenn wir in den „tiefen" Weltraum vordringen wollen, wenn wir wollen, dass die Raumfahrt weiter expandiert, wenn wir eine industrielle oder erweiterte wissenschaftliche Nutzung des Weltraums wollen, wenn die Reisezeiten innerhalb des Sonnensystems in erträglichen Grenzen gehalten werden sollen, wenn wir uns eines Tages auch jenseits der Jupiterbahn bewegen wollen, wenn wir auch Gegenden erforschen wollen, die im ewigen Schatten liegen (und das mögen mit die interessantesten Gegenden sein), dann kommen wir an Nuklearenergie nicht vorbei.

Wenn wir aber Raumfahrt so wie bisher nur in sehr kleinem und sporadischem Rahmen, erdnah oder auf das innere Sonnensystem bis hin zum Asteroidengürtel (ausnahmsweise und mit besonders energiesparenden Instrumenten auch bis zur Jupiterbahn) begrenzt und weitgehend unbemannt betreiben wollen, dann ist Atomenergie nicht unbedingt nötig. Aber dann brauchen wir uns nicht Star Trek, Star Wars, Raumschiff Galactica oder Cliff Alistair McLanes schnellen Raumkreuzer Orion zum Vorbild nehmen. In diesem Fall werden wir unser kosmisches Vorgärtchen nämlich niemals verlassen.

► Für die Nutzung von Atomenergie in der Raumfahrt gibt es zwei Hauptanwendungen. Einmal die direkte Verwendung ei-

Im Rahmen des Projektes NERVA (Nuclear Engine for Rocket Vehicle Application) wurde zwischen 1958 und 1973 ein nuklearthermisches Triebwerk entwickelt.

Ein Prototyp dieses nuklearthermischen Antriebs wurde in den Jahren 1967/68 in Jackass Flats in Nevada erprobt. In den Weltraum flog er nie.

nes Kernreaktors zum Zweck des Antriebs einer Trägerrakete, um eine Stützmasse aufzuheizen und durch eine Düse zu beschleunigen. Dies sind die so genannten „Nuklearthermischen Antriebe". Von denen gibt es eine große Anzahl unterschiedlichster Konzepte, die vorzustellen den Umfang dieses Buches bei weitem sprengen würden.

Die andere besteht darin, generell Kernkraft als Energiequelle für alle Anwendungen in der Raumfahrt einzusetzen, bei denen Sonnenenergie entweder nicht ausreicht, nicht vorhanden ist, oder für die eine hohe Energiedichte benötigt wird. Das können wiederum der Antrieb oder die Betriebssysteme eines Raumfahrzeugs sein, es kann sich aber auch um eine Anlage auf einem Planeten oder einem Mond handeln, die notwendig ist, um eine Oberflächenbasis mit Strom zu versorgen.

Und es gibt noch eine dritte Nutzung. Dabei werden kleine Pellets radioaktiver Elemente verbaut, um empfindliche Geräte warm zu halten. Solche radioaktiven Heizelemente werden seit den Zeiten der sowjetischen Lunochod-Mondlander verwendet. Die nutzten seinerzeit Polonium 210, ein Isotop mit sehr kurzer Halbwertszeit.

Der erste Satellit, der Kernenergie als Mittel der Stromversorgung einsetzte, war Transit 4A. Er führte einen mit Plutonium 238 betriebenen Radioisotopengenerator mit sich, dessen Zerfallswärme in elektrischen Strom umgewandelt wurde. In der Raumfahrt-Terminologie werden solche Einheiten als „Radioisotope Thermoelectric Generator" oder kurz RTG bezeichnet. Drei Jahre später, beim fünften Einsatz eines solchen Generators (bei Transit 5 BN3), versagte die Trägerrakete. Nutzlast und Isotopenbatterie wurden pulverisiert und beim Verglühen der Nutzlast kam es zu einem geringen, aber messbaren Eintrag von Plutonium 238 in die Atmosphäre.

Der Umstand wurde seinerzeit kaum beachtet, schließlich fanden in diesen Tagen zahlreiche Kernwaffenversuche in der Atmosphäre statt. Ein solcher Vorfall würde heute aber vermutlich zu einem Aufschrei in der Öffentlichkeit führen. Er hatte aber zur Folge, dass seither Isotopengeneratoren so gebaut werden, dass sie auch die Explosion einer Trägerrakete unbeschädigt überstehen. Ein solcher Vorfall ereignete sich tatsächlich bald darauf noch einmal, als im Mai 1968 der Start von Nimbus B-1 fehlschlug und der Radio-Isotopengenerator mit den Trümmern der Rakete und des Satelliten in den Atlantik fiel. Wochen später wurde er unbeschädigt geborgen und für Nimbus III wiederverwendet. Insgesamt haben die USA bis heute 28-mal solche RTGs eingesetzt. Der bislang letzte ist der für den Perseverance-Rover, der im Februar 2021 den Mars erreichte.

Als erster richtiger Reaktor im klassischen Sinne wurde 1965 SNAP-10A in den Weltraum gebracht. „Richtiger Reaktor" bedeutet, dass die Wärme durch eine kontrollierte Spaltreaktion erzeugt wird und nicht durch einfachen radioaktiven Zerfall. SNAP-10A arbeitete übrigens nur 43 Tage im Weltraum und kreist seither immer noch über unseren Köpfen. Die Bahn ist so hoch, dass er dies auch noch einige tausend weitere Jahre tun wird, wenn man ihn denn nicht aus der Umlaufbahn entfernt.

Er blieb bis heute der einzige US-Reaktor im Weltraum. Wobei beim Wort „Reaktor" auch immer eine gewisse Größenvorstellung mitspielt, die SNAP-10A ganz bestimmt nicht erfüllte. Er war nämlich nur etwa so groß wie ein kleiner Reisekoffer und wog alles in allem 290 Kilogramm. Trotzdem lag seine thermische Leistung bei 30 Kilowatt und hier kann man schon erkennen, was die Nützlichkeit eines Kernreaktors im Weltraum ausmacht: Hohe Energiedichte.

Um 30 Kilowatt Leistung in der Erdumlaufbahn mittels Solargeneratoren zu erzeugen, benötigt man eine Kollektorfläche in der halben Größe eines Fußballfeldes. Am Jupiter hätte man aber selbst mit dieser großen Anlage nur noch etwa 1,2 Kilowatt zur Verfügung. Mit dem koffergroßen Mini-Reaktor wären es nach wie vor dieselben 30 Kilowatt, denn die Leistung eines Kernreaktors bleibt gleich, egal ob man sich in einer Erdumlaufbahn befindet, oder jenseits der Plutobahn. SNAP-10A erzeugte aus seiner thermischen Leistung allerdings seinerzeit nur 500 Watt an elektrischem Strom, ein sehr schlechter Wirkungsgrad, der bei Verwendung heutiger Technologie deutlich besser wäre.

Die Sowjetunion führte in den 70er-Jahren ein Programm intensiver Nutzung von orbitbasierten Reaktoren in einem Programm durch, das im Westen als RORSAT bezeichnet wurde. Diese Abkürzung des US-Geheimdienstes stand für „Radar Ocean Reconnaissance Satellite" also „Meeresüberwachungssatellit". Die kleinen Reaktoren an Bord erzeugten eine elektrische Leistung von zwei Kilowatt. Diese relativ geringe Strommenge hätte man im Prinzip auch mit Solargeneratoren erzeugen können, aber wegen der limitierten Reichweite des Radars an Bord dieser Satelliten mussten diese Einheiten sehr tief fliegen. Weniger als 250 Kilometer. In dieser Höhe ist die Restreibung durch die irdische Atmosphäre noch sehr hoch, weshalb man auf voluminöse Solargeneratoren verzichtete und den kleinen und kompakten Reaktor einbaute. Nach Ablauf ihrer Dienstzeit, die betrug nur wenige Monate, wurde der Reaktor mit einem Raketenmotor auf einen „Friedhofsorbit" in etwa 950 Kilometer Höhe gebracht. Der Rest des Raumfahrzeugs verblieb im ursprünglichen Orbit, trat nach wenigen Tagen in die Erdatmosphäre ein und verglühte.

Die RORSAT-Reaktorkerne verbleiben in ihrem Friedhofsorbit für einige hundert Jahre, genug um die Radioaktivität auf ein harmloses Niveau abklingen zu lassen oder aber bereit für eine Abholung wann auch immer. Zwischen 1970 und

Diesen Radioisotopengenerator brachten die Apollo 14-Astronauten auf den Mond. Er wird mit Plutonium 238 betrieben und konnte von den Astronauten problemlos per Hand aufgestellt werden.

Der Radioisotopengenerator der Raumsonde New Horizons. Mit Solargeneratoren wäre die Reise zum Pluto und darüber hinaus unmöglich gewesen.

1988 wurden 31 dieser Satelliten gestartet. 29mal gelang es, den Reaktor auf einen Friedhofsorbit zu bringen, zweimal stürzte er zu Erde. Einer davon fiel auf kanadischen Boden, was zu Reinigungs- und Dekontaminierungskosten in Höhe von zehn Millionen kanadischen Dollars und einer harschen Beschwerde bei der sowjetischen Regierung führte.

Es gab also einige Vorfälle in der Anfangszeit mit diesen Energiequellen, es ist aber auch eine deutliche Lernkurve sichtbar. Kein Vorfall ereignete sich in derselben Form ein zweites Mal.

Ab 1987 testete die Sowjetunion die nächste Generation weltraumbasierter Reaktoren. Sie trugen die Bezeichnung Topaz. Einer flog an Bord von Kosmos 1818 und war für sechs Monate in Betrieb, ein zweiter befand sich an Bord von Kosmos 1867, arbeitete für ein Jahr und leistete etwa zehn Kilowatt an elektrischer Leistung. Im Jahre 1987 kauften die USA in der Sowjetunion einen solchen – unbefüllten – Topaz-Reaktor, um mit ihm Bodentests durchzuführen. Er basiert auf einer eleganteren und effizienteren Energieumwandlungsmethode (thermionische Energieumwandlung) als das bis dahin verwendete Prinzip der thermoelektrischen Umwandlung.

In den neunziger Jahren begannen die USA eine militärische Reaktorentwicklung unter der Bezeichnung „Timberwind“. Es ist unbekannt, was aus dieser Entwicklung geworden ist, angeblich wurde sie 1992 eingestellt. Timberwind sollte in der Lage sein, die Starts schwerer militärischer Nutzlasten für das SDI-Programm (SDI = Strategic Defense Initiative) zu ermöglichen. Er war schon damals unter Kritik, weil er nahe am Schmelzpunkt seines nuklearen Brennmaterials gearbeitet hätte, was Fragen hinsichtlich möglicher Kontaminierung der Atmosphäre durch die Spaltprodukte im Falle eines Fehlstarts aufgeworfen hätte. Timberwind sollte eine extrem leistungsfähige Zweitstufe einer herkömmlichen Trägerrakete antreiben. Es wurde seinerzeit sogar ein suborbitaler Testflug des Timberwind-Reaktors geplant.

Die Erkenntnisse aus diesem Projekt mündeten ab dem Jahr 2003 im Projekt Prometheus. Unmittelbares Ziel war es damals, Missionen schneller und großer Sonden zu den äußeren Planeten zu ermöglichen.

Bezüglich der russischen Anstrengungen ist bekannt, dass sich dort seit 2009 für die Verwendung in einem nuklear-thermischen Antrieb ein Gaskernreaktor in Entwicklung befindet. Diese Einheit nutzt hochangereichertes Uran in einer Plasma-Gasphase bei einem Druck von 1.000 bar und Temperaturen bis 70.000 Kelvin. Als Treibstoff soll Wasserstoff eingesetzt werden, ergänzt um Alkalimetalle wie Lithium, um den Energietransfer aus der Strahlung zu fördern. Der Projektplan soll bis 2012 ausgearbeitet worden sein. Die darauf folgende Entwicklung war für eine Zeit von neun Jahren veranschlagt. Das Triebwerk soll die Voraussetzungen für eine bemannte Mission zum Mars mit kurzen Flugzeiten herstellen. Was daraus geworden ist, ist unklar.

► Nach diesen ersten Hardware-Entwicklungen folgte eine Denk- und Entwicklungsphase. Die Sturm- und Drangzeiten in der ersten Phase der Raumfahrtentwicklung waren vorbei, und Ressentiments gegen die Nutzung von Kernkraft machten sich vor allem in westlichen Ländern mit ihren Anti-Atombewegungen lautstark bemerkbar.

Der technische Fortschritt der vergangenen Jahrzehnte lässt es jetzt zu, die Verwendung von weltraumbasierten Reaktoren wieder in die Raumfahrtpläne aufzunehmen. Und genau das geschieht seit einigen Jahren. Nicht in Europa, aber in den USA, in Russland und in China.

Bodenstarts von Trägerraketen mit nuklearthermischem Antrieb wären eine verführerische Option. Bei spezifischen Impulsen von 900 Sekunden oder mehr wäre der einstufige Flug in den Orbit, der heilige Gral der Raumfahrt, kein Problem mehr. Man könnte dann sogar noch satte Gewichtsreserven vorsehen, schwerer und solider bauen und nicht so fragil und zerbrechlich, wie das heute der Fall ist. Das täte auch der Betriebssicherheit der Trägerraketen gut. Allerdings ist anzunehmen, dass die Akzeptanz eines solchen Raumtransportsystems auch in weniger atomneurotischen Ländern wie Deutschland auf Widerstand treffen würde. Somit dürften nuklearthermische Triebwerke für Bodenstarts von der Erde aus zumindest für die nähere Zukunft nicht wahrscheinlich sein.

Anders sieht das allerdings für Systeme aus, die erst im Weltraum aktiviert werden. Auch hier sind die USA und Russ-

In etwa so könnte ein einzelner Kilopower-Reaktor auf dem Mond aussehen (grafische Darstellung).

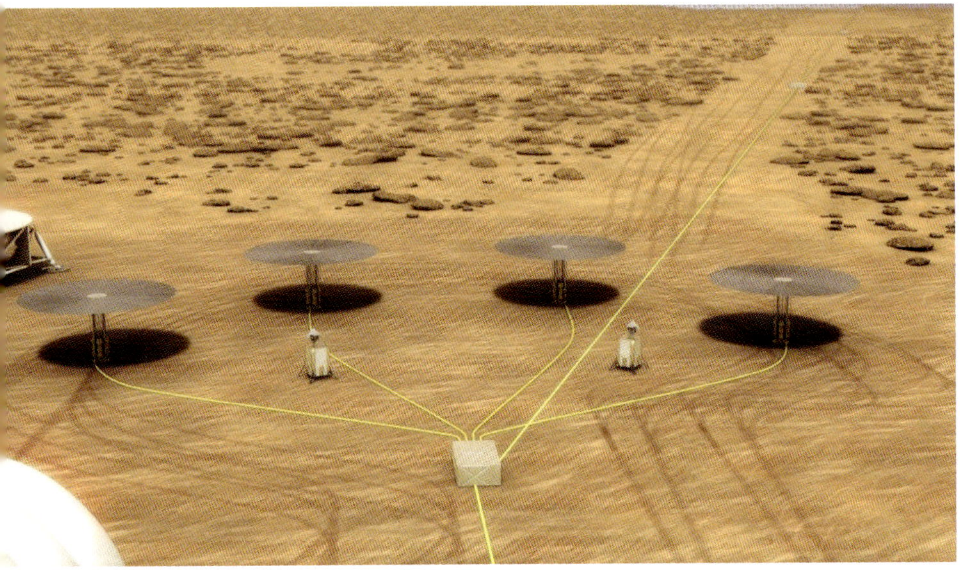

land (und wahrscheinlich auch China) aktiv, um das Konzept der nuklearthermischen Antriebe wiederzubeleben. So läuft seit August 2017 bei der US-Raumfahrtbehörde ein Vorhaben in Zusammenarbeit mit der BWXT Nuclear Energy Inc. für die Entwicklung eines nuklearthermischen Antriebssystems.

Doch gehen wir zurück zu den stromerzeugenden Reaktoren, wie sie beispielsweise auf dem Mond mit seinen jeweils zwei Wochen langen kalten Nächten notwendig werden. Die man braucht, wenn es einst um Wassergewinnung in permanent abgeschatteten Regionen geht, oder die man generell bei der in-situ-Gewinnung von Ressourcen aller Art benötigt. Oder wenn es um jegliche Weltraum-Fernreisen geht. Oder wenn man sich für Explorationszwecke in ein intensives Strahlungsfeld begeben muss (das Solargeratoren schnell erodiert). Immer dann ist man auf eine nukleare Energieversorgung angewiesen. Auch Ionen- und Plasmatriebwerke werden ihre große Zeit erst dann erleben, wenn kompakte Reaktoren zur Verfügung stehen, die mehrere Megawatt an

Vier Kilopower-Module sind zusammengeschaltet und erzeugen 40 Kilowatt elektrische Leistung (grafische Darstellung).

Arbeit an einem Nuklon Prototypen bei Roskosmos.

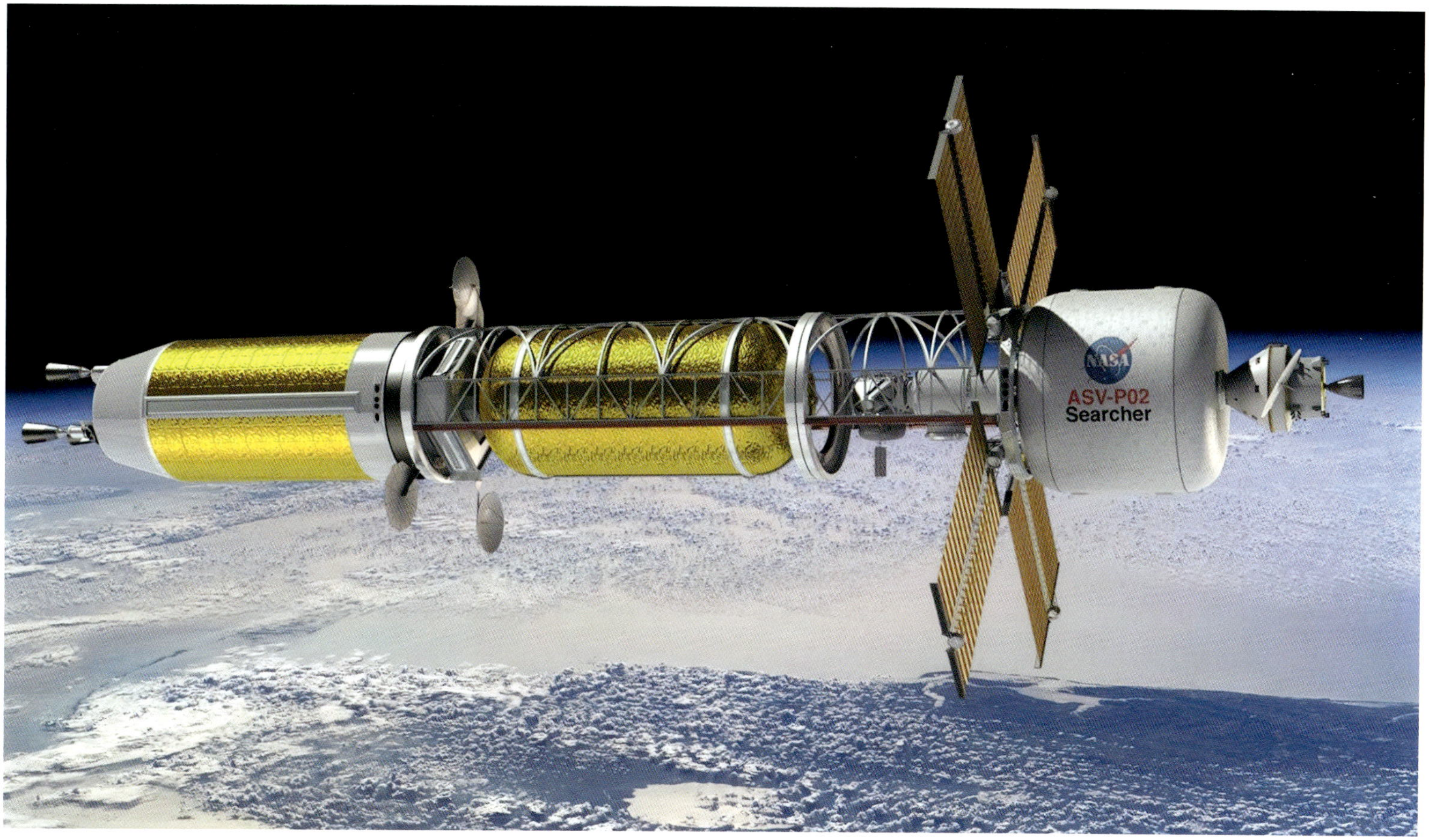

elektrischer Leistung produzieren, denn um ihr Potential ausschöpfen zu können, benötigen sie enorme Energiemengen.

Reaktoren würden der Raumfahrt den Kick in die Richtung geben, die wir uns als Science-Fiction Leser immer erhofft hatten. Die heutige Raumfahrt ist abhängig von Minimum-Energie-Trajektorien auf langgezogenen Hohmann-Bahnen, auf denen es oft viele Jahre dauert, selbst kosmisch sehr nahe gelegene Ziele zu erreichen. So braucht die Jupitersonde JUICE auf ihren verschlungenen Swingby-Bahnen über sechseinhalb Jahre, um die relativ bescheidene Distanz von vier astronomischen Einheiten zu überbrücken.

Häufig muss auch Jahre oder gar Jahrzehnte darauf gewartet werden, dass eine besondere Konstellation der Planeten eintritt, um ein Raumfahrzeug absenden zu können. Am bekanntesten sind hier die Startfenster zum Mars, die sich für Hohmann-Transferbahnen nur alle 26 Monate öffnen. Der Einsatz von Reaktoren in Verbindung mit leistungsfähigen Ionen- oder Plasmatriebwerken könnte das obsolet machen. Reisezeiten zum Mars von nur wenigen Wochen wären möglich, zum Jupiter käme man in ein paar Monaten und selbst die äußeren Planeten des Sonnensystems wären in überschaubaren Zeiträumen zu erreichen.

Konzeptbild des Einsatzes eines nuklearthermischen Antriebes für eine bemannte interplanetare Mission.

Studie eines nuklear-thermisch betriebenen Raumschiffes für die Durchführung einer Mars-Expedition.

Der wissenschaftliche Output würde sich damit dramatisch verbessern und es wären endlich viele „Wunschtraumprojekte“ machbar, wie etwa die seit Jahrzehnten geplante TAU-Mission mit einem Flug über 1.000 Astronomische Einheiten. Deren Dauer würde momentan die Lebenszeit der beteiligten Wissenschaftler bei weitem übersteigen. Mit Kernkraft an Bord könnte man diese Strecke aber in wenigen Jahrzehnten durchfliegen. Selbst sonst vollständig unerreichbare Ziele wie etwa die Objekte der Oortschen Wolke würden in die Reichweite der Wissenschaft gelangen.

► Um den unmittelbaren Bedarf für die kommenden Mond- und Mars-Vorhaben abzudecken, begannen im Oktober 2015 die NASA und die National Nuclear Security Administration des **D**epartment **o**f **E**nergy (DoE) mit dem Technologieprogramm für das Projekt Kilopower. Dabei geht es um einen kleinen und kompakten modularen Reaktor für Raumfahrtanwendungen mit einer elektrischen Leistung von etwa zehn Kilowatt pro Einzelmodul (bei einer etwa viermal so hohen thermischen Leistung). Der Transfer von thermischer Leistung in elektrische Leistung wird mittels eines Sterling-Motors erreicht.

Zehn Kilowatt reichen aus, um zwei bis drei durchschnittliche Haushalte auf der Erde zu betreiben, wenn nicht gerade zu viele elektrische Verbraucher gleichzeitig laufen. Eine Anordnung von etwa vier solchen Modulen würde eine kleinere

Mondstation vollständig mit Energie versorgen können. Und das über Jahrzehnte ohne „nachtanken“.

Der Reaktor verfügt über einen festen Kern aus hoch angereichertem Uran 235, der über einen Kontrollstab reguliert wird. Es wäre auch der Einsatz von niedrig angereichertem Uran möglich, was aber automatisch die Leistung verringert oder das System bei einer gegebenen Leistung vergrößert. Die Wärme des radioaktiven Zerfalls wird mittels Natriumröhren aus dem Kern zum Sterlingmotor transferiert, der sie in Strom umwandelt. Die Überschusswärme wird durch Radiatoren abgeführt. Der Reaktorkern ist ungefähr so groß wie drei aufeinander gestapelte Toilettenpapierrollen und arbeitet bei Temperaturen um die 800 Grad Celsius.

Am 2. Mai 2018 gab die NASA bekannt, dass die erste Testreihe mit einem Demonstratormodell abgeschlossen sei. Diese Tests wurden in Nevada durchgeführt. Die Versuchsanordnung trug die Bezeichnung Kilopower Reactor Using Stirling Technology (kurz: KRUSTY). Die Versuche kulminierten in einem 28-Stunden Dauertest, bei denen der Reaktor sicher hochgefahren wurde, mit voller Leistung arbeitete und schließlich wieder sicher heruntergefahren wurde. Dabei wurden auch alle denkbaren Fehlermodi durchgespielt.

Im aktuellen Flugbetrieb wird der Reaktor erst außerhalb der Erdumlaufbahn oder auf dem Ziel-Himmelskörper aktiviert. Das Design ist fehlertolerant. Der Reaktor ist so abgeschirmt, dass Besatzungsmitglieder und empfindliches elektronisches Equipment geschützt sind. Ein Verlust an Kühlung bewirkt lediglich, dass die Reaktorleistung sinkt. Das Entstehen unkontrollierbarer Szenarien ist ausgeschlossen.

Verglichen mit anderen Raumfahrtanwendungen ist das Projekt Kilopower übrigens überraschend günstig. Einschließlich des Tests in Nevada im Jahr 2018 wurden weniger als 20 Millionen Dollar ausgegeben.

In den vergangenen zwei Jahren wurden Studien über diverse Missionsszenarien, Risikominimierungsstudien und Studien für die Vorbereitung der Kommerzialisierung ausgearbeitet. Erst wenige Wochen vor dem Redaktionsschluss für dieses Buch versendeten NASA und das DoE die Angebotsausschreibung an die Industrie für die Entwicklung dieses Kleinreaktorsystems. Der nächste darauf folgende Schritt ist ein Test des Reaktors im Weltraum. So wie es aussieht, wird er auf einen Mondlander des CLPS-Programms gepackt (siehe Kapitel 12) und für eine Einsatzerprobung zum Erdtrabanten geschickt. Zukünftig sollen mit seiner Unterstützung Langzeitaufenthalte auf dem Mond ermöglicht werden, die vor allem die zweiwöchigen Mondnächte energietechnisch abdecken, für die Solargeneratoren keine Option sind.

Der Kilopower-Reaktor ist aber nur der erste Grundbaustein für eine zivile Nutzung der Kernenergie im Weltraum. Das Design ist größenmäßig skalierbar. Man kann aber auch einfach mehrere der 10 Kilowatt-Grundelemente zusammenschalten. Mit nur geringen Modifikationen kann es nicht nur als stationäre Power-Station betrieben, sondern auch für Antriebszwecke eingesetzt werden, um etwa ein Ionentriebwerk oder einen Plasma-Antrieb zu unterstützen.

Ebenfalls in einem entscheidenden Stadium befindet sich das russische Projekt Nuklon, das einen Ein-Megawatt-Reaktor für Raumfahrtanwendungen schaffen soll. Dieses System entsteht momentan bei KB Arsenal in St. Petersburg, bei Rosatom und im Keldysch-Forschungszentrum. Die erste Nuklon-Testeinheit sollte 2030 fertig gestellt sein, mit zwei Trägerraketen in den Orbit transportiert und dort zusammengefügt werden. Danach sollte sie als Transportschiff für Transfers zu Mond und Planeten eingesetzt werden. Was daraus angesichts des Ukraine-Krieges letztendlich daraus wird, war bis zum Drucktermin dieses Buches nicht abzusehen.

Gesichert gilt dagegen das Projekt Kilopower. Das Vorhaben hat auch eine wichtige gesellschaftlich Funktion, nämlich die latenten Vorbehalte gegenüber der Anwendung von Nuklearenergie für Raumfahrtzwecke abzubauen. Gleichzeitig hat es das Potential, den Durchbruch zu größeren Anwendungen zu schaffen, denn im Antriebsbereich ist mit 10 oder 50 Kilowatt kaum etwas gewonnen. Da sind Energien im Megawatt-Bereich erforderlich.

Vielleicht wird es ja doch noch etwas mit Raumschiff Enterprise, Star Trek oder Kampfstern Galactica. Und dann werden wir, wie es im Vorspann der deutschen Kult-Fernsehserie „Raumpatrouille“ hieß, eines Tages die „Sterne besiedeln“ und „mit heute noch unvorstellbaren Geschwindigkeiten“ durchs All reisen.

Regalware für den Weltraum

Zwischen der Zeit der Antike bis um das Jahr 1500 dürften zu keinem Zeitpunkt mehr als etwa 450 Millionen Menschen auf der Erde gelebt haben. Erst um das Jahr 1800 überschritt die Bevölkerungszahl die Milliardengrenze. Heute sind es etwa 7,5 Milliarden und die Population unseres Planeten wächst täglich um 220.000 weitere Menschen. Dieser Zuwachs entspricht Bevölkerungszahl der Städte Ulm und Jena. Zusammengenommen, wohlgemerkt. Jeden einzelnen Tag. Die Vereinten Nationen erwarten für das Jahr 2100 elf Milliarden Menschen. Doch es gibt seit langem keine menschenleeren Kontinente mit üppiger Vegetation mehr, wohin diese „überzählige" Bevölkerung migrieren könnte.

Das bedeutet, dass wir noch deutlich vor dem Jahr 2100 Energie und Ressourcen für mehr als zehn Milliarden Erdbewohner benötigen. Und wir brauchen sehr viel davon, denn unser Ziel sollte es sein, nicht nur das pure Überleben all dieser Menschen zu sichern, sondern ihnen auch ein menschenwürdiges Dasein zu ermöglichen.

Dieser Behälter enthält einen 3D-Drucker, der bei einer Parabelflug-Kampagne für seine Eignung im Weltraum getestet wurde.

Die einzige Expansionsmöglichkeit, die uns bleibt, ohne dass wir das ökologische Gleichgewicht unseres Planeten noch mehr schädigen, als wir es ohnehin schon tun, ist der Weltraum. Sollten also die Fabriken der Zukunft überhaupt noch auf der Erde stehen? Jeff Bezos, der Gründer von Amazon und einer der ganz Großen der „New Space-Szene" ist sich völlig sicher: *„In ein paar hundert Jahren wird die gesamte Schwerindustrie vom Planeten Erde verschwunden sein. Unser Planet ist dann dem Wohnen und umweltneutralen Industrien vorbehalten".*

Vieles, was heute noch das fragile Ökosystem der Erde belastet, könnte eines Tages im Weltraum geschehen. Der Abbau von Erzen, energieaufwendige Produktionsprozesse, die Energiegewinnung generell, Industrie aller Art. In dem Zusammenhang entsteht automatisch auch ein Dienstleistungssektor, denn Produktionsgeräte und Roboter brauchen Wartung, das Personal Unterkünfte. Und parallel zur beginnenden Industrialisierung des Weltraums könnten auch der Touristiksektor und die Medizin mehr und mehr die Vorteile und Möglichkeiten des Weltraums entdecken.

Über all diese Dinge wird zwar bereits seit Jahrzehnten geredet, aber nun haben wir die Schwelle erreicht, an der die notwendigen Voraussetzungen dafür zur Verfügung stehen. Wie üblich weniger in Deutschland, wo man sich gerade mit der Initiative „Industrie 4.0" abmüht, also der umfassenden Digitalisierung der industriellen Produktion. Hierzulande siedelt man die Industrie im Weltraum irgendwo zwischen „völlig utopisch" bis hin zu „sehr bedenklich" an. In anderen Teilen der Welt, vor allem den USA und in China, wird das durchaus anders gesehen.

Die dortige New Space-Szene ist sich jedenfalls ganz sicher: Der Weltraum ist das Industrie- und Gewerbegebiet der

Zukunft und schon von daher automatisch auch der Lebensraum für eine immer größere Anzahl von Menschen.

► Die Transportfrage ist das Urproblem Nummer eins der Raumfahrt. Ohne ihre Lösung wird es definitiv keine industrielle Revolution im Weltraum geben. Der Raumtransport war bis vor kurzem in einem Teufelskreis gefangen, der in etwa so aussah: Die Menge an Gütern, die in den Weltraum transportiert wird, ist sehr gering. Was daran liegt, dass die Transportkosten extrem hoch sind. Weil aber diese Transportkosten sehr hoch sind, gibt es nur wenige Güter, die in den Weltraum transportiert werden.

Erst jetzt gelingt es Unternehmern wie Elon Musk, Jeff Bezos, Peter Beck und anderen, diesen Teufelskreis zu durchbrechen. Ich vertiefe dieses Thema an dieser Stelle nicht weiter, denn ihm sind in diesem Buch eigene Abschnitte gewidmet. Das Fazit ist aber schon heute, wo diese Entwicklung gerade eben begonnen hat: Es tun sich wie von selbst plötzlich Märkte und Produkte auf, an die man vor wenigen Jahren noch nicht einmal dachte.

„New Space" ist ein Begriff, unter dem sich innovative Lösungen, meist auf privatwirtschaftlicher Basis, für die Raumfahrt verbergen. Sie sollen am Ende in Preisen resultieren, die so niedrig sind, dass sich zuvor unrentable Anwendungen im Weltraum nunmehr wirtschaftlich lohnen. Sehen wir uns diesen Begriff am Beispiel von Komponenten und Bauteilen an und nehmen uns hier schwerpunktmäßig die empfindlichsten Teile vor: Die Elektronik, das Gehirn eines Raumfahrzeugs.

Im All gibt es eine Reihe physikalischer Phänomene, die das Verhalten von elektronischen Bauteilen und Materialien beeinflussen. Da ist zum Beispiel der atomare Sauerstoff, der auf niedrigen Erdumlaufbahnen ein Problem darstellt. Dieses Problem könnte man als „Weltraum-Rost" bezeichnen. Atomarer Sauerstoff ist sehr reaktiv. Er erodiert die Oberfläche von Satelliten und das wirkt sich auf das thermische Verhalten der Geräte aus.

Dann gibt es Plasma-Effekte. Dabei erzeugen ionisierte Gase elektrostatische Ladungen und belasten die Oberfläche des Satelliten elektrisch. Die Entladung solcher Lasten kann den Betrieb eines Satelliten und seiner Instrumente stören.

Für die elektronischen Bauteile bestimmter Satelliten kann schon heute „Regalware" verwendet werden.

Dann ist da natürlich die Strahlung, die aus einer Vielzahl von Einzeleffekten besteht. Gamma-Strahlen degradieren die elektronischen Komponenten. Protonen und schwere Ionen können buchstäblich die Elektronik des Satelliten zerstören, digitale Daten verfälschen oder die Oberflächen von Solargeneratoren erodieren.

Und obendrauf kommt in niedrigen Erdumlaufbahnen das Problem mit dem Weltraummüll. Obwohl es bislang nur zu sehr wenigen Kollisionen in der Umlaufbahn gekommen ist, gab es doch eine Reihe von Fällen, in denen Solargeneratoren, deren Flächen meist viele Quadratmeter betragen, in ihrer Leistung beeinträchtigt wurden. Manchmal ganz einfach deswegen, weil sie durchlöchert wurden.

In der Raumfahrt wird bis auf den heutigen Tag häufig für alle neu konstruierten Raumfahrzeuge jede Komponente und jedes System entweder vollständig neu entwickelt oder zumindest modifiziert. Was dann automatisch auch eine Neuqualifikation bedeutet. Es gilt schon als Fortschritt, wenn eine Branchenlösung für den Hersteller einer Kommunikationssatelliten-Familie entwickelt wird, und dann dieses Bauteil oder dieses System mehrfach eingesetzt wird, so dass zumindest ein Kleinserieneffekt wirksam werden kann. Es ist

CubeSats sind ideal für den Einsatz von Space-COTS-Komponenten (grafische Darstellung).

damit aber keineswegs gesichert, dass dieses Bauteil dann auch für eine andere, möglicherweise konkurrierende Raumfahrzeug-Familie verwendet werden kann. Manchmal gibt es sogar Verträge, die so etwas explizit verhindern. Ein Hersteller der für teures Geld beispielsweise ein spezielles Ventil entwickeln lässt, will in so einem Fall möglicherweise nicht, dass diese Entwicklung auch einem Konkurrenten zu Gute kommt.

Allein diese Sonderlösungen führen dazu, dass selbst heute erst selten in der Raumfahrt frei erhältliche Normteile verwendet werden. Und es führt vor allen Dingen dazu, dass stets nur sehr kleine Stückzahlen gebaut werden. Für manche Satelliten werden hunderte und tausende von Kleinteilen in liebevoller Handarbeit individuell gefertigt. Das mag Handwerksarbeit vom Feinsten sein, billig ist es nicht.

Dazu kommt, dass eine vollständige Qualifikation nach den bisherigen Raumfahrtstandards extrem aufwendig ist. So ein Prozess kann Jahre dauern und fordert hohe finanzielle Investitionen. Die Folge ist: Raumfahrtkomponenten sind unglaublich teuer. Selbst für das unscheinbarste Bauteil müssen elektrische Tests durchgeführt werden, es muss seine Verträglichkeit für Schock- und Vibrationslasten beweisen, es muss Beschleunigungen aushalten, thermisch widerstandsfähig sein, strahlungsresistent, es darf nicht ausgasen und dennoch muss es mit allen anderen Komponenten eines Systems gut kompatibel sein. Und es muss trotz schwieriger Umweltbedingungen jahrzehntelang halten, denn wie wir wissen: Starts sind sehr teuer und man kann sich nicht viele davon leisten.

Und weil die Qualifikation sehr teuer und langwierig ist, sind auch die Innovationszyklen sehr lange. Dabei gilt Raumfahrt als modern und innovativ. Aber selbst die modernsten Mars-Rover der NASA setzen beispielsweise Elektronikkomponenten mit der Technologie der 90er-Jahre ein.

► Doch die Zeiten ändern sich. Schon jetzt ist man dabei, die Standards zu senken, denn man braucht nicht für jede Art von Raumfahrzeugen die gleichen Voraussetzungen, die vielleicht nötig sind, um eine Raumsonde jahrzehntelang in schwierigem Strahlungsumfeld irgendwo in den Weiten des Sonnensystems in Betrieb zu halten. In vielen Fällen kann man ganz normale, handelsübliche Elektronik zu einem Bruchteil des Preises einsetzen. Und wenn man schon einmal Satelliten in größeren Stückzahlen baut, dann kann man auch gleich die Standards der automatisierten Serienfertigung einsetzen.

Wir wissen seit einer Weile, dass für viele Anwendungen gar keine superteure Raumfahrt-Spezialhardware nötig ist. Die Astronauten auf der ISS beispielsweise benutzen seit mehr als zwei Jahrzehnten ganz normale, handelsübliche Kameras, Laptops und anderes elektronisches Gerät. Ihre Einsatzfähigkeit und Haltbarkeit unterscheidet sich in nichts von gleicher Hardware auf dem Boden. Es wäre also überflüssig, hier extrem teure Spezialentwicklungen zu betreiben.

Ein Begriff, der für Raumfahrtanwendungen immer noch relativ neu ist, heißt: COTS. Er ist in der „normalen irdischen“ Industrie schon lange üblich und bedeutet „Commercial Off-The-Shelf“, also ungefähr so viel wie “kommerziell erhältliche Regalware”. Der Begriff stand ursprünglich für seriengefertigte Produkte aus dem Elektronik- oder Softwaresektor, die in großer Stückzahl zu moderaten Preisen erhältlich sind. Womöglich gibt es gleich um die Ecke bei Elektro-Conrad elektronische Bauteile, die problemlos unterhalb der Strahlungsgürtel der Erde auf niedrigen Erdumlaufbahnen eingesetzt werden könnten. Das Problem ist nur: solange man die Widerstandsfähigkeit dieser handelsüblichen Komponenten für die Umweltbedingungen des Weltraums nicht gemessen hat, weiß man nicht, wie robust dieses Bauteil für den Einsatz im All tatsächlich ist.

Die Datenblätter handelsüblicher Komponenten zeigen das Verhalten von elektrischen Parametern unter normalen „irdischen" Umweltbedingungen. Und das sagt nichts über ihre Einsatzfähigkeit im Weltraum aus. Immerhin kann man damit aber schon einige Grenzwerte herausfinden. So stehen in diesen Produktspezifikationen beispielsweise die absoluten Maximalwerte für Temperaturen. Man kann sich dann darüber informieren, dass das Teil von −10 Grad Celsius bis +50 Grad Celsius einsetzbar ist. Aber selbst das müssen

In externen Plattformen der ISS, wie hier am japanischen Kibo-Modul, werden heute schon automatisierte Produktionsprozesse im Weltraum erprobt.

keineswegs die tatsächlichen Grenzen dieser Bauteile sein. Es kann sein, dass sie nur bis dahin geprüft wurden, oder der Hersteller vermutet, dass sie unterhalb oder oberhalb dieser Grenzen sowieso nicht eingesetzt werden, oder er hat einfach eine sehr hohe Sicherheitsmarge verwendet. Die Zahlen zeigen also nicht notwendigerweise, dass das Bauteil unter- oder oberhalb dieser Grenzen nicht funktioniert.

Hier kann erst ein Test in einer Thermalkammer die tatsächlichen Grenzen herausfinden. Bei unserem Beispiel könnte es sich ergeben, dass die wirklichen Maximalwerkte vielleicht zwischen –20 Grad Celsius und +70 Grad Celsius liegen. Das bedeutet, dass die Komponente für einen deutlich größeren Temperaturbereich als im Datenblatt angegeben verwendet werden kann.

► An diesem Punkt setzt – als typisches Start-up der New Space Szene – die erst wenige Jahre alte Spectrum Aerospace Technologies UG an. In diesem Unternehmen wurde der Begriff „Space-COTS" geprägt. Ziel ist es, zukünftigen Satellitenentwicklern eine breitere Auswahl an Komponen-ten aus dem kommerziellen Sektor für den Bau von Raumfahrzeugen zur Verfügung zu stellen. Im Rahmen einer Studie im Auftrag der EU erstellten die Entwickler einen Katalog handelsüblicher elektronischer Bauteile, die Raumfahrtanforderungen erfüllen. Nun gilt es, die Basisversion dieses Katalogs weiter zu pflegen und zu erweitern, damit zukünftig die Entwicklung und Produktion von Satelliten einfacher und billiger wird.

Diese so genannten „Space-COTS" können, abgestuft nach Anforderungen, in Raumfahrtmission verwendet werden. Die besten Space-COTS Bauteile können sogar für Missionen im geostationären Orbit oder im interplanetaren Raum verwendet werden, wo die Umweltbedingungen schwieriger sind als in erdnahen Umlaufbahnen im Schutz des Erdmagnetfeldes.

Dass das in der Praxis auch funktioniert, belegen Missionen mit Kleinsatelliten aus der jüngeren Vergangenheit, wie sie vor allem im universitären Bereich konstruiert, gebaut und betrieben werden. Hier konnte bewiesen werden, dass eine große Zahl kommerzieller Bauteile jahrelang im All arbeiten können, obwohl sie gar nicht für Raumfahrtanwendungen konzipiert wurden.

In Nanosatelliten (wie CubeSats) und Mikrosatelliten werden bereits heute routinemäßig kommerzielle Module eingesetzt. Dieser Hardware wird nur geringfügig angepasst, wenn es Schwachstellen für Raumfahrtanwendungen geben sollte. Beispielsweise kann man dann Platinen mit einer geeigneten Strahlungsabschirmung versehen.

Die Fachleute von Spectrum Aerospace weisen aber auch darauf hin, dass man es sich mit den Untersuchungen zur Weltraumtauglichkeit dennoch nicht zu leicht machen darf. So wird zum Beispiel bei einem Strahlungstest mit den Namen „Total Ionizing Dose" (TID) eine Platine mit Kobalt-60 bestrahlt. Das geschieht so lange, bis eine vorher festgelegte Gesamtdosis erreicht wird. Für den Nachweis der Raumfahrttauglichkeit wird so eine Platine etwa zwölf Tage lang bestrahlt. Aber die Strahlungsquelle ist teuer, und je kürzer man die Strahlungsquelle mietet, desto weniger Geld muss für den Test ausgegeben. Man könnte hier also auf die Idee kommen, statt zwölf Tage nur sechs Stunden lang zu bestrahlen, aber dafür mit dem 50-fachen Wert.

Das Heraufsetzen der Dosierung kann aber zu völlig falschen Werten führen. Man kann so eine Vorgehensweise mit Kuchenbacken vergleichen. Wenn im Rezept eine Backzeit von einer Stunde bei einer Temperatur von 150 Grad angegeben ist, kann man den Prozess auch nicht einfach dadurch beschleunigen, dass man die Backzeit auf 20 Minuten senkt und dafür die Backtemperatur auf 450 Grad erhöht. Physikalisch gesehen sind das zwei völlig unterschiedliche Prozesse, deren Ergebnisse sich stark voneinander unterscheiden.

► Maßnahmen wie die von Spectrum Aerospace und anderen Unternehmen der New Space Szene tragen dazu bei, dass vor allem der Markt für Kleinsatelliten seit einigen Jahren geradezu explodiert. Waren es vor etwa zehn Jahren noch einige wenige Cubesats und Mikrosatelliten, die pro Jahr gestartet wurden, sind es heute schon weit über tausend pro Jahr. Auch für die neuen Konstellationen, wie sie in Kapitel 11 beschrieben sind, wird die Serienfertigung hunderter oder sogar tausender Satelliten notwendig. Das bedeutet wieder einen höheren Bedarf an elektronischen Bauteilen und anderen Komponenten wie etwa Ionentriebwerken, was durch die nun mögliche Serienfertigung zu stark sinkenden Stückkosten führt.

Ein wenig anders sieht es – zumindest noch für die nähere Zukunft – bei den schweren Satelliten aus, vor allem den Kommunikationssatelliten im geostationären Gürtel. Hier wird auch weiterhin jeder einzelne ein teures Investment darstellen. Doch dank günstigerer Starts ist gerade eine neue Dienstleistung der privaten Raumfahrt am Entstehen: Missionsverlängerung für Satelliten, die wegen Treibstoffmangels an sich ihr wirtschaftliches Lebensende erreicht haben, deren Kommunikationsnutzlast aber noch einwandfrei funktioniert und noch viele Jahre Geld verdienen könnte.

Auf diesem Gebiet nimmt die US-Firma Northrop Grumman eine Vorreiterrolle ein. Das Unternehmen entwickelte ein so genanntes „Mission Extension Vehicle“ (MEV). Die erste Einheit, MEV-1, startete am 9. Oktober 2019 in den geostationären Gürtel und legte dort am 25. Februar 2020 an den Kommunikationssatelliten Intelsat 901 an, der aufgrund seines nahezu verbrauchten Treibstoffs nicht mehr im aktiven Dienst war. Am 2. April 2020 konnte der Satellit wieder seinen Betrieb aufnehmen. Intelsat, der Betreiber von Intelsat 901, hat mit Nortrop Grumman einen Vertrag über eine fünfjährige Missionsverlängerung abgeschlossen. Danach wird MEV-1 das Fahrzeug aus dem geostationären Ring hinaus auf den so genannten Friedhofsorbit bringen und den nächsten „Kunden“ für eine Missionsverlängerung ansteuern.

Intelsat schien mit dem Service zufrieden zu sein, denn am 15. August 2020 startete Northrop Grumman das MEV-2, das am 21. April 2021 an Intelsat 10-02 anlegte und auch diesen die nächsten fünf Jahre unterstützen wird.

► Der Beginn industrieller Prozesse im Weltraum geht zurück bis zur sowjetischen Raumstation Salut 6 und die US-Raumstation Skylab. Die Kosmonauten unternahmen dort experimentelle Schweißversuche und bearbeiteten Aluminium, Titan und Stahl. Die US-Astronauten versuchten sich in Elektronenstrahlschweißen, führten Experimente mit geschmolzenem Metall durch, dem Wachstum von Kristallen und mit der Kreation von Metall-Legierungen, die unter normaler Gravitation nicht herstellbar sind.

Dieses Bild stammt vom MEV-1. Es zeigt den Kommunikationssatelliten Intelsat 901 in seiner geostationären Bahn, an dem es kurz darauf anlegte.

Man nimmt heute an, dass jegliche Form industrieller Bearbeitung im Weltraum möglich ist. Dazu brauchen nach einer ersten Initialisierungsphase keine weiteren Materialien von der Erde zu den außerirdischen Produktionsstätten gebracht werden. Alles was notwendig ist, gibt es auch außerhalb unseres Planeten in ungeheuren Mengen und für jede denkbare Zukunft ausreichend.

Wasser findet sich womöglich sogar schon auf dem Mond. Wir wissen heute auch, dass auf dem Mars davon ganze Ozeane in gefrorener Form existieren. An vielen Stellen beginnt das Eis schon wenige Zentimeter unter der alles bedeckenden Staubschicht. Nur haben Mond und Mars für industrielle Zwecke einen nicht zu vernachlässigenden Nachteil: Ihre Schwerkraft. Sie ist nicht so groß, wie die irdische. Aber dennoch braucht jeder Raumfrachter, der auf dem Mond oder Mars gewonnene Rohstoffe irgendwo anders hin transportieren will, viel Energie, um diese Schwerkraftsenken wieder zu verlassen.

Viel leichter zugänglich sind da die Asteroiden. Im Asteroiden-Hauptgürtel, der sich zwischen Mars und Jupiter befindet, gibt es etwa 1,5 Millionen dieser Himmelskörper mit einem Durchmesser von mehr als einem Kilometer. Ihre Schwerkraft ist zu vernachlässigen. Selbst die größten von

Diese künstlerische Darstellung einer Mondkolonie mit Fertigungsanlagen stammt aus dem Jahre 1986.

ihnen verfügen über nicht mehr als ein Hundertstel der Erdgravitation. Asteroiden können die Rohmaterial-Bergwerke der Zukunft sein. Der Asteroid Psyche zum Beispiel besteht zum größten Teil aus Nickel und Eisen. Bei einem Durchmesser von 250 Kilometern könnte er ganz allein jeglichen irdischen Bedarf an diesen beiden Metallen für jede denkbare Zukunft decken.

In der Vergangenheit wurde von Japan und den USA bereits eine Reihe von Erkundungssonden zu meist erdnahen Asteroiden geschickt, darunter die Raumsonden EROS zum gleichnamigen Asteroiden oder Hayabusa zum Asteroiden Itakawa. Letzterer war das erste Raumfahrzeug weltweit, das Bodenproben von einem anderen Himmelskörper als dem Mond zur Erde brachte.

Zunächst ging es nur um die reine Forschung, aber in den letzten Jahren richtete sich das Augenmerk zunehmend auch auf die zukünftige Nutzbarkeit dieser Himmelskörper als Rohstoffbasis. Werfen wir in diesem Zusammenhang einen kurzen Blick auf drei weitere interessante Asteroidenmissionen, nämlich Hayabusa 2, OxirisRex und Psyche.

Hayabusa 2 wurde zum Asteroiden 162173 Ryugu geschickt. Der ist ein kleiner, recht unscheinbarer Apollo-Asteroid von knapp einem Kilometer Durchmesser. Die in ihm gebundenen Rohstoffe aber – Mineralien und Kohlenstoffverbindungen – haben nach Schätzungen von Unternehmen wie der Asteroid Mining Corporation einen Wert von 100 Milliarden Dollar. Selbst scheinbar so wertlose Stoffe wie der allgegenwärtige Regolith, der die Oberflächen atmosphäreloser Himmelskörper bedeckt, kann ein gutes Baumaterial für robotische 3D-Drucker darstellen, die daraus vor Ort Unterkünfte, Raumstationen oder sogar Raumschiffe bauen.

Der japanischen Raumfahrtbehörde JAXA gelang es, mit Hayabusa 2 Material von der Oberfläche des Asteroiden zur Erde zu bringen. Die Mission der 600 Kilogramm schweren Sonde hatte am 3. Dezember 2014 begonnen. Im Juni 2018 erreichte sie ihr Ziel. Dort setzte sie zunächst eine Reihe von Landevehikeln ab. Eines von ihnen, mit der Bezeichnung MASCOT, war von der deutschen Raumfahrtbehörde DLR beigesteuert worden.

Am 22. Februar und am 11. Juli 2019 entnahm die Sonde jeweils Bodenproben von der Oberfläche des Himmelskörpers. Am 13. November 2019 begann der Rückflug zur Erde. Am 5. Dezember 2020 trennte Hayabusa 2 eine kleine Landekapsel mit den Bodenproben ab. Die Kapsel trat mit einer Geschwindigkeit von zwölf Kilometern pro Sekunde in die Erdatmosphäre ein und warf in einer Höhe von zehn Kilo-

Grafische Darstellung der Raumsonde Hayabusa 2 am Asteroiden Ryugu.

Bergung der kleinen Hayabusa 2-Landekapsel in den australischen Outbacks nahe Woomera durch einen japanischen Spezialisten.

Im Probenbehälter der Rückkehrkapsel von Hayabusa 2 befanden sich 5,5 Gramm Asteroiden-Material.

metern einen Fallschirm aus. Die sichere Landung des Probenbehälters erfolgte in Australien in der Woomera-Testrange. Die Proben, es sind 5,5 Gramm (Zielvorgabe waren 0,1 Gramm) grobkörniges und pulvriges Material mit Partikelgrößen von bis zu 0,5 Zentimetern, werden nun in Labors auf der Erde analysiert.

Die Sonde flog nach dem Absetzen des Landers in geringem Abstand an der Erde vorbei und machte sich danach auf den Weg zu zwei neuen Zielen. Sie soll im Juli 2026 den 700 Meter durchmessende Asteroiden 2001CC21 erreichen, und im Juli 2031 den nur etwa 35 Meter große Asteroiden 1998KY26, der vor allem wegen seiner sehr hohen Rotationsgeschwindigkeit interessant ist.

► Die US-Raumsonde OSIRIS-REx ist mit einem Startgewicht von 2,2 Tonnen deutlich massiver als ihr japanisches Gegenstück. Gestartet wurde sie am 5. September 2016 in Cape Canaveral. Im August 2018 erreichte sie ihr Zielobjekt, den nur 500 Meter großen Asteroiden (101955) Bennu. Am 20. Oktober 2020 erfolgte die erste von zwei geplanten Probenentnahmen von der Oberfläche des Himmelskörpers.

Bereits diese erste Probenentnahme verlief so erfolgreich, dass die geplante zweite Aktion entfallen konnte. Tatsächlich wäre sie auch gar nicht mehr möglich gewesen, denn der Probenbehälter war bereits bei diesem ersten Versuch so voll geworden, dass er nicht mehr richtig schloss. *„Wir hatten einen erfolgreichen Probensammel-Versuch. Beinahe schon zu erfolgreich“*, meinte Dante Lauretta, der Chefwissenschaftler des Unternehmens von der Universität von Arizona. *„Es quillt Material heraus, und um das zu begrenzen beschleunigen wir das Verstauen“*. Es gelang aber trotzdem, die *„Beute zu sichern“*, wie Lauretta melden konnte. Am 28. Oktober konnte die komplette Materialprobe in die Rückführkapsel transferiert werden.

Das alles spielte sich 320 Millionen Kilometer von der Erde entfernt ab. Damit war OSIRIS-REx nun eigentlich zu früh fertig mit seiner Arbeit und musste bis zum 21. März 2021 in der Nähe des Asteroiden in Warteposition gehen. Erst dann öffnete sich das Rückflugfenster, womit das Bahnmanöver für den Heimflug beginnen konnte. Wenn weiterhin alles gut geht, wird die Rückkehrkapsel am 24. September 2023 in die Erdatmosphäre eintreten und in Utah am Fallschirm landen.

Es gibt übrigens noch ein weiteres mögliches Geschäftsfeld der Zukunft, für das OSIRIS-REx als „Scout" unterwegs ist: Asteroidenabwehr. (101955) Bennu gehört nämlich zur Gruppe der Apollo-Asteroiden, ist also ein Himmelskörper, der immer wieder die Erdbahn kreuzt. Er ist klein, nicht größer als ein Bundesliga-Fußballstadion. Aber als Erdbahnkreuzer könnte er eines fernen Tages die Erde treffen. Für die nächsten nahen Begegnungen mit unserem Planeten, be-

OSIRIS-REx nähert sich dem Asteroiden Bennu (grafische Darstellung).

Der Asteroid Bennu ist etwa so groß wie das Münchner Olympiastadion.

rechnet bis zum Jahr 2200, liegt bei Bennu die kumulative Wahrscheinlichkeit einer Kollision bei wenigen Promille. Für einen Zeitraum von 300 Millionen Jahren ist die Wahrscheinlichkeit aber immerhin schon größer als zehn Prozent. Passiert das, dann wäre es eine vernichtende globale Katastrophe. Seine kinetische Energie liegt bei 1.200 Megatonnen TNT. Vor allem aber gilt zu Bedenken: Bennu ist nicht alleine da draußen. In der Gruppe der Apollo-Asteroiden sind derzeit 1.472 Stück bekannt, die das Potential haben, eines Tages auf der Erde einzuschlagen. Und manche von ihnen, wie zum Beispiel 1866 Sisyphus, sind fast zehn Kilometer groß.

► Eine weitere US-Raumsonde mit dem Namen „Psyche" wird sich im Herbst 2022 auf den Weg zum gleichnamigen Asteroiden machen, um ihn im Detail zu erforschen und seine Schätze zu vermessen. Viele Asteroiden enthalten Wasser, Wasserstoff, Stickoxide und Kohlenstoff. Mit Kohlenstoff hätten wir auch gleich einen wichtigen Grundstoff für die Stahlbearbeitung. Wasser ist in gebundener Form, aber wahrscheinlich sogar als reines Eis überall im Asteroidengürtel weit verbreitet. Aus schlichtem Wasser kann mit Energie Raketentreibstoff hergestellt werden.

Auf Psyche sind aber nicht Wasser oder Kohlenwasserstoffe interessant, denn dieser Asteroid ist eine Metallwelt. Alle Gesteinsplaneten wie Merkur, Erde, Venus und Mars verfügen über einen metallischen Kern. Den können wir aber nicht direkt erforschen, denn wir sind nicht in der Lage, tausende von Kilometern flüssigen Gesteinsmantels zu durchdringen, um zu einem Planetenkern vorzustoßen. Selbst wenn wir es könnten, es wäre zu heiß da, und der Druck wäre viel zu hoch.

Aber es gibt andere Möglichkeiten. Man kann versuchen, einen Planetenkern zu finden, der ohne seinen Gesteinsmantel durch das Weltall fliegt. Einen Himmelskörper wie eben Psyche. Bei ihm handelt es sich um ein so genanntes Planetesimal, das einen schweren Unfall überlebt hat. Bald nachdem sich Psyche gebildet hatte, in der frühen Phase der

Ein „Selfie" von OSIRIS-REx beim Entnehmen der Bodenproben vom Asteroiden Bennu.

Die US-Raumsonde Psyche nähert sich dem gleichnamigen Metallasteroiden (grafische Darstellung).

Entstehung unseres Sonnensystems, kam es zu einem Zusammenstoß mit einem anderen großen Himmelskörper. Der riss den Gesteinsmantel fort. Übrig blieb das metallische Zentrum, das seither durch das Weltall treibt. Man nimmt heute an, dass Psyche ein Fragment eines ursprünglich etwa 500 Kilometer durchmessenden Metallkerns eines Urplaneten war.

Zusätzlich zum Erkenntnisgewinn in der reinen Wissenschaft wollen sich die USA natürlich auch ein Bild über die Abbaufähigkeit der Metalle machen, aus denen Psyche zu

Subsysteme und Instrumente werden in Vorbereitung des Starts in die Plattform der Raumsonde Psyche eingebaut. Dieses Bild zeigt den Einbau der Hall-Effekt-Ionentriebwerke.

etwa 95 Prozent besteht. Mit einem Durchmesser von etwa 235 Kilometern erscheint er nicht sonderlich groß, aber trotzdem liegen in ihm eine derartige Menge an Eisen und Nickel, dass sie – den heutigen Jahresverbrauch dieser beiden Metalle zu Grunde gelegt – den gesamten Bedarf der Erde für mehr als zehn Millionen Jahre decken würden. Nachdem die technische Machbarkeit für Asteroidenbergbau Jahr für Jahr näher rückt, kann man sich über dieses Thema also durchaus Gedanken machen.

► Neben den Asteroiden bleibt weiterhin der Mond im Blickfeld. Auch in seiner Kruste ist wertvolles Material im Überfluss enthalten. Dort haben die Forscher Helium-3 festgestellt, ein Gas, das auf der Erde selten ist. Helium-3 ist ein idealer Brennstoff für zukünftige Fusionsreaktoren. Schätzungen gehen von mindesten einer Million Tonnen dieses Stoffs auf der Mondoberfläche aus. Unterstellt den Fall, dass die USA ausschließlich von Fusionskraftwerken mit Strom versorgt werden könnten, dann würden 40 Tonnen Helium 3 ausreichen, um den Energiebedarf der USA für ein Jahr zu decken.

Interessant wird die Sache mit den Rohstoffen des Weltraums jetzt auch aus rechtlicher Sicht. Die „alten" Weltraumverträge der sechziger Jahre, ohnehin nur bedingt bindend, wurden vor allem aus Neid geschaffen. Sie verhindern den Abbau von Ressource eher, als dass sie ihn fördern. Der Weltraumvertrag des Jahres 1967 etwa lässt allenthalben erkennen, dass keiner dem anderen mögliche lukrative Nutzungen im Weltraum gönnte.

Zwölf Jahre nach dem Weltraumvertrag gab es einen weiteren Anlauf, die Frage nach der Nutzung der Ressourcen des Weltraums konkreter zu beantworten: Im sogenannten „Mondvertrag" von 1979. Der geht in seinem Neidaspekt allerdings sogar noch weiter und verbietet die Nutzung von Ressourcen der Himmelskörper so lange, bis es ein internationales Nutzungs-Regime gibt.

Die Sache war jedoch so durchsichtig, dass die einzigen, die tatsächlich die Ausbeutung der Schätze des Sonnensystems hätten betreiben können, also die USA, dieses Werk gar nicht erst unterschrieben. Aus diesem Grund fühlen sie sich auch heute nicht daran gebunden. So ist (aus der Sicht aller Länder mit Ausnahme der USA) eine rechtliche Grauzone entstanden, die jahrzehntelang niemanden interessierte. Nun aber wollen die Unternehmen Rechtssicherheit.

Nachdem mit erheblicher Sicherheit abzusehen ist, dass die ersten Bergbauunternehmen US-Ursprungs sind, ist hier der Ärger vorprogrammiert. Und wenn man sich ansieht, mit welcher Geschwindigkeit völkerrechtlich bindende Vereinbarungen seitens der UNO realisiert werden, dann darf man vermuten, dass höchstwahrscheinlich die „Miner" deutlich schneller sind, als der häufig leicht realitätsfremde Zirkel der Weltraumrechtler. Rechtssicherheit wird es aber brauchen, sollen sich Dinge wie „Space-Mining" erfolgreich entwickeln. Deswegen wollen wir im nächsten Kapitel einen Blick auf den Status des Weltraumrechts werfen.

Rechtssicherheit tut not

Das große institutionelle Projekt ARTEMIS haben wir in diesem Buch bisher nur ganz am Rande gestreift, denn es ist im Prinzip kein Vorhaben der privaten Raumfahrt. Es gibt aber einen Aspekt, dessen Bedeutung weit über dieses Programm selbst hinausgeht und weitreichende Bedeutung für die zukünftige Nutzung des Weltraums hat. Wir sprechen von seinen raumfahrtrechtlichen Implikationen. Mit der Schaffung der rechtlichen Grundlagen für das Projekt ARTEMIS werden gegenwärt bereits die „claims“ für die Zukunft abgesteckt. Die Gefahr besteht, dass Europa – mangels Interesses und mangels Einflusses auf die weltweiten Raumfahrtaktivitäten – nur marginal an ihrer Ausgestaltung beteiligt ist.

Das Projekt ARTEMIS gilt als der nächste Schritt in der bemannten Erforschung des Weltraums. Quasi als Fortsetzung des ISS-Programms mit erweiterten Zielen. Im Prinzip handelt es sich dabei um ein Internationales Vorhaben, zu dem die US-Raumfahrtagentur NASA eingeladen hat. „Im Prinzip“ deswegen, weil es zu mehr als 90 Prozent von den USA getragen wird.

Neben den USA sind es derzeit acht Nationen plus eine internationale Raumfahrtorganisation (ESA), die an diesem Programm mitmachen wollen oder dies bereits tun. Die Einladung der USA erfolgte zum einen, um die Partnerschaft aus dem ISS-Programm zu erneuern, aber natürlich auch, um nicht das Programm ganz alleine finanzieren zu müssen.

Um dem ARTEMIS-Programm einen rechtlichen Rahmen zu geben wurde von den USA der so genannte ARTEMIS-Accord geschaffen, ein ziemlich knappes und für einen Rechtstext überraschend gut lesbares Dokument mit nur sechseinhalb Seiten Umfang. Er regelt die Zusammenarbeit innerhalb des Programms mit seinen Rechten und Pflichten auf einem recht generellen Niveau. Detaillierte Ausführungsbestimmungen gibt es nicht. 18 Nationen haben ihn zum Zeitpunkt, an dem diese Zeilen entstehen, unterzeichnet. Also mehr als doppelt so viele, wie am ARTEMIS-Vorhaben derzeit überhaupt mitwirken. Eine Reihe weiterer Länder werden wohl noch 2022 unterzeichnen.

Werfen wir gleich einmal einen Blick in die Sektion 1 des Dokumentes, um zu sehen, auf welchen Teil des „Weltraums“ er sich bezieht. Er betrifft Aktivitäten...

„... on the Moon, Mars, comets, and asteroids, including their surfaces and subsurfaces, as well as in orbit of the Moon or Mars, in the Lagrangian points for the Earth-Moon system, and in transit between these celestial bodies and locations“. Also auf Deutsch *„... Auf Mond, Mars, Kometen und Asteroiden einschließlich ihrer Oberflächen und ihres Untergrundes, sowie der Umlaufbahn von Mond oder Mars, den Lagrange-Punkte des Erde-Mond-Systems und dem Raum zwischen diesen Himmelskörpern und Orten“.* Kurz und gut: Das Sonnensystem zwischen Erde und dem Asteroiden-Hauptgürtel.

In einem Raum also, der weit jenseits des Horizontes eines deutschen und auch der allermeisten EU-Politiker liegt. Ein Raum, der im nicht gerade technik- und wissenschaftsaffinen Deutschland wie pure Science Fiction erscheint und

Programmlogo der ARTEMIS Accords.

Australien unterzeichnet den ARTEMIS Accord.

für das „normale“ Leben als irrelevant betrachtet wird. Weswegen es in Deutschland niemanden und in EU-Europa fast niemanden interessiert und in der Folge auch fast niemanden kümmert, was hier gegenwärtig vor sich geht.

Bei einer Reihe von EU-Staaten, allen voran Deutschland, besteht eine gewisse Einigkeit darin, dass man „dagegen“ ist. Was aber die EU-Staaten Luxemburg, Italien, Rumänien und Polen nicht davon abgehalten hat, den Accord dennoch zu unterschreiben. Luxemburg befürwortet weltraumrechtliche Regelungen, die so liberal wie irgend möglich sind, um Raumfahrtfirmen im Land anzusiedeln. Im Übrigen hat Luxemburg bereits seit einer ganzen Weile – im Gegensatz zu Deutschland – ein eigenes nationales Weltraumrecht. Und Italien ist einer der größten Nutznießer des ARTEMIS Accord, denn es werden eine ganze Reihe von Komponenten „Made in Italy“ vor allem für den Lunar Gateway benötigt. Als seinerzeit drittes europäisches Land hat auch Großbritannien unterschrieben, doch das gehört seit einer Weile nicht mehr zur EU und war obendrein immer schon deutlich wirtschaftsliberaler ausgerichtet als die eher zu feinziselierten Regularien neigende Europäische Gemeinschaft.

Und das ist es auch, was – zusammengefasst auf wenige Schlagworte – bewirkt, dass sich die Rest-EU nörgelig gibt: zu viele Freiheiten, zu wenige Regularien und vor allem die Sektion zehn (Space Ressources), die direkt auf die USA zugeschnitten ist. Und detaillierte Ausführungsbestimmungen gibt es im ARTEMIS Accord auch nicht. Ein Zustand, bei dem sich gerade eine deutsche Administration nicht wohl fühlt.

► Knüpfen wir an das vorausgegangene Kapitel (Regalware fürs All) an und werfen einen kurzen Blick auf die früheren Weltraumabkommen. Beginnen wir beim Bedeutendsten und Ältesten: Dem *„Outer Space Treaty“*, dem Weltraumvertrag des Jahres 1967. Er ist das erste große Dokument, das Grundprinzipien für die Erforschung und die Nutzung des Weltrau-

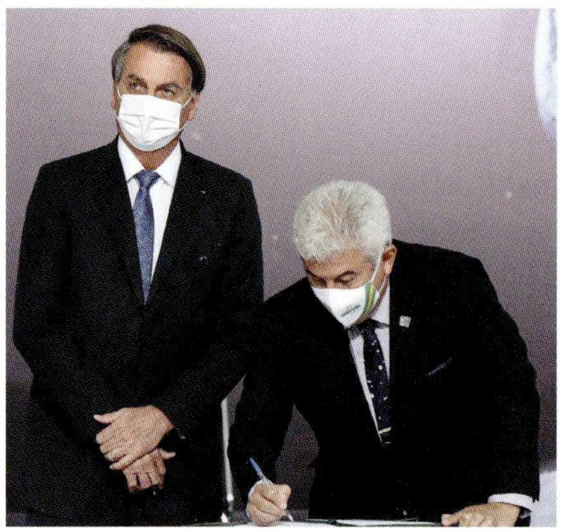

Bahrein, Brasilien und Kanada unterzeichnen den ARTEMIS Accord.

Israel, Italien und Japan unterzeichnen den ARTEMIS Accord.

mes festlegt. Manche seiner Bestimmungen sind auch heute noch gut anwendbar (beispielsweise die gegenseitige Hilfeleistung in Notfällen betreffend), manche sind schon nicht mehr taufrisch und gehören überholt (beispielsweise die Abschnitte mit den Haftungsbestimmungen), manches war in den 60er-Jahren noch gar nicht relevant (beispielsweise Weltraummüll) und ist deshalb auch nicht Vertragsbestandteil.

Der Hauptgrund aber, warum der *„Outer Space Treaty"* überhaupt ins Leben gerufen wurde, war die Frage der wirtschaftlichen Nutzung des Weltraums und damit verbunden die Frage, ob man am Weltraum Eigentum erlangen kann. Er entstand zwei Jahre vor der ersten bemannten Mondlandung. Damals trieb die Staatengemeinschaft die Sorge um, was wohl passiert, wenn einer der beiden Supermächte, also entweder die Sowjetunion (die damals viele noch im Wettrennen um die erste Mondlandung vorne sahen) oder die Amerikaner den Mond nach der Landung für sich beanspruchen würden.

Nicht umsonst wurde dieser Passus (von vielen als der „Neid-Paragraph" bezeichnet) gleich im allerersten Artikel untergebracht. Da heißt es in den Sätzen 2 und 3: *„Der Weltraum, einschließlich des Mondes und anderer Himmelskörper, steht allen Staaten ohne irgendwelche Diskriminierung auf der Grundlage der Gleichheit und in Übereinstimmung mit dem Völkerrecht zur Erforschung und Nutzung offen. Alle Teile von Himmelskörpern sind frei zugänglich."*

Dann kommt der sehr kurze und prägnante Artikel 2: *„Der Weltraum, einschließlich des Mondes und anderer Himmelskörper, unterliegt nicht nationaler Aneignung aufgrund von Souveränitätsansprüchen, aufgrund von Benützung oder Besetzung oder aufgrund irgendeines anderen Titels"*.

Damit sollte dem „durchschnittlich verständigen Menschen", den die Juristen gerne als Maßstab heranziehen, klar sein: Niemand kann an irgendeinem Körper im Weltraum Eigentum erwerben. Weder an Planeten, noch an Monden, noch an Asteroiden.

So weit, so gut. Die überwiegende Anzahl aller Länder auf der Erde haben dieses Abkommen ratifiziert, unterzeichnet oder sind ihm beigetreten. Wir wollen nicht die juristischen Feinheiten zwischen den drei Begriffen klären, sondern halten hier einfach fest: derzeit 135 Staaten bezeichnen sich in irgendeiner Form an dieses Abkommen gebunden und haben diese Absicht formal entweder in Washington, London oder Moskau hinterlegt. Die USA haben das Abkommen 1967 ratifiziert, Russland im selben Jahr, damals noch als Sowjetunion. China ist dem Abkommen 1983 beigetreten.

Hinsichtlich seiner Bestimmungen über die Ausbeutung eventueller Schätze des Weltraums ist der Vertrag, wir haben es eingangs schon bemerkt, ein Dokument der Habenichtse. Sie wollten damit verhindern, dass sich die Sowjetunion oder die USA den Weltraum aneignen, ohne dass sie selbst etwas davon abbekommen. Wenn sie selbst schon keinen Zugriff

Luxemburg, Mexiko und Neuseeland unterzeichnen den ARTEMIS Accord.

auf die Ressourcen des Weltraums hätten, sollten es andere auch nicht haben.

An diesem Paragrafen konnten weder die Sowjetunion noch die USA ein sonderliches Interesse haben, denn sie waren ja die Einzigen, die schon damals zumindest theoretisch die Möglichkeit gehabt hätten, den Mond auszubeuten. Nachdem aber im Jahre 1967 noch keiner von beiden wusste, wer von ihnen zuerst den Mond erreichen würde, passten auch diese Artikel zunächst in das Kalkül beider Staaten, und so unterzeichneten sie.

Dass Nutzungen von Planeten, Monden und Asteroiden ohne irgendeine Form von Eigentum praktisch nicht möglich ist, wurde geflissentlich übersehen und führt zu absurden Betrachtungen. Stellen wir uns einfach vor, dass ein Unternehmen einen kleinen Eisen-Nickel-Asteroiden ausbeutet und in diesem Prozess den Asteroiden vollständig abbaut. Die Firma dürfte nach geltendem Recht an dem nunmehr nicht mehr vorhandenen Asteroiden zwar kein Eigentum anmelden, wohl aber an dem Abbauprodukt, also dem gesamten Asteroiden.

Auf dem Mond wäre der Abbau von Helium 3 ohne eine definierte Form von Eigentum auf eine bestimmte Parzelle zu erheben auch unmöglich, schließlich will man ja nicht, dass jemand mit seinem Schürfgerät auf dem Gelände herumfährt, das man selber grade unter ungeheurem Aufwand erschlossen hat.

Der Outer Space Treaty krankte obendrein zusätzlich daran, dass er ausschließlich Staaten als handelnde Parteien im Weltraum vorsah. In absehbarer Zukunft werden aber Privatunternehmen unterwegs sein, um die Ausbeutung vorzunehmen, und um es noch komplizierter zu machen auch multinationale Unternehmen.

Kurz und gut, der Outer Space Treaty war schon bald etwas aus der Zeit gefallen. Dass er sich nicht halten konnte, sobald irgendwo reale Profitinteressen entstehen, wurde bald klar.

Ein erster Versuch, den Outer Space Treaty hinsichtlich der Nutzung der Ressourcen des Weltraums auszuhebeln, kam von einer ziemlich unerwarteten Seite. 1976 gab es den Versuch von acht äquatorialen Staaten, Souveränität über den Himmel über sich bis hin zur geostationären Umlaufbahn zu erlangen, und diesen Raum quasi als nationales Hoheitsgebiet auszuweisen. Dieser etwas dreiste Vorstoß wurde als die „Deklaration von Bogota“ bezeichnet, und wurde, das war erwartbar, international nicht unterstützt.

Der zweite, und international wesentlich größer angelegte Versuch, die „Großen“ mit ihren eventuellen Besitzansprüchen an die Kandare zu legen, war der „Lunar Treaty“ des Jahres 1979.

Der Versuch war zwar ganz nett, aber Russland und die USA, weiterhin die einzigen, die den Mond tatsächlich hätten ausbeuten können, durchschauten das durchsichtige Spiel und traten dem Abkommen gar nicht erst bei. Auch China tat das nicht, dabei war dieses Land doch sonst bei jeder sich bietenden Gelegenheit dabei, vor allem das zu tun, was den beiden anderen Supermächten schaden konnte.

Wieder war es ein Versuch der „Habenichtse", die großen Raumfahrtnationen daran zu hindern, Ansprüche auf Ressourcen im Sonnensystem anzumelden ohne die Zustimmung aller anderen Nationen zu erreichen. Die „Habenichtse" versuchten den verschwommenen Begriff der *„Common Heritage of Mankind"* einzuführen, um die USA, Russland und China daran zu hindern, handfeste nationale oder private Ansprüche auf Himmelskörper oder Teile davon anzumelden.

Am Ende waren dem Abkommen 22 Länder beigetreten, hatten es ratifiziert oder unterzeichnet. Darunter so „bedeutende" Raumfahrtnationen wie Chile, der Libanon, Marokko, Pakistan, Peru, die Philippinen und Rumänien, nicht aber die, auf die es wirklich angekommen wäre. Das Vertragswerk war somit im Grund komplett wertlos. Trotzdem berufen sich heute gerade europäische Weltraumrechtler gerne darauf, wenn es um die Frage von Besitzansprüchen an Himmelskörpern geht. So, als wäre es ein Dokument globaler Gültigkeit.

Danach war die Sache mit den Besitzansprüchen über Jahrzehnte in einer Art schläfrigem Dämmerzustand. Alle Jubeljahre tat jemand seine Meinung dazu kund, dann schlief die Sache wieder ein. War ja eh Science Fiction. Die Ansprüche an ein zukünftiges Weltraumabkommen reichen dabei von der vollständigen „Sozialisierung" des Weltalls, mit Mitspracherecht aller Nationen mittels eines wolkigen „Internationalen Regimes" bis hin zu Regelungen, die in etwa dem US-Homestead Act des Jahres 1862 entsprachen, nachdem jeder, der in der Lage ist, sich auf einem Stück Land niederzulassen und es zu bewirtschaften, auch das Eigentum daran erlangen sollte.

Der größere Teil der Experten war der Meinung, dass man sich die Sache einfach mal entwickeln lassen sollte, und dann das Ganze mit der Ausarbeitung einer rechtlichen Basis quasi „nachsichert".

Als sich die 20er-Jahre näherten, begann die bisher als Science Fiction abgetane Möglichkeit der Ressourcennutzung des Weltraums sich langsam als mögliche Realität abzuzeichnen. Nun kam Druck in den Kessel. Zumindest von den USA. Der Rest der Welt kümmerte sich weiterhin kaum darum. Einige recht akademische Bedenken, verbunden mit dem üblichen steil hochgereckten moralischen Zeigefinger, kamen aus Europa.

Donald Trump lehnte komplexe internationale Regelungen ab, schon weil er absah (und da hatte er wohl recht), dass die Verhandlung eines solchen Abkommens Jahrzehnte dauern, und unvorteilhaft für das freie Unternehmertum der USA ausfallen würde. So veranlasste er 2020 eine „Executive Order" mit der etwas irreführenden Bezeichnung *„Encouraging International Support for the Recovery and Use of Space Re-*

Polen, Rumänien und Südkorea unterzeichnen den ARTEMIS Accord.

Die Ukraine unterzeichnet den ARTEMIS Accord.

sources“ (Förderung der internationalen Unterstützung für die Ausbeutung und Nutzung von Weltraumressourcen). In dieser Order legte er klipp und klar nieder, dass… *„… the United States do not view outer space as a ‚global commons'“* (in etwa: *Die Vereinigten Staaten betrachten den Weltraum nicht als „globales Gemeinschaftsgut“*). Den Mondvertrag bezeichnete er als den *„fehlgeschlagenen Versuch das freie Unternehmertum einzuschränken“.*

Damit war die Generalrichtung für den ARTEMIS Accord vorgezeichnet. Auch die Regierung Biden denkt nicht im Mindesten daran, den Weltraum als *„Common Heritage of Mankind“* zu betrachten und womöglich mit ambitionierten ethischen Regularien zu befrachten, so wie es den Theoretikern dieses Gebiets in Europa vorschwebt. Und sie denkt auch nicht im Mindesten daran, die Realisierung der wirtschaftlichen Interessen der USA „einzubremsen“. „America first“ gilt unter Biden genauso wie unter Trump.

► Die Schaffung bestimmter Verhaltensregeln als Bedingung für die Teilnahme an einem Programm ist ein signifikanter Wechsel in der Art der „governance“ von Raumfahrtaktivitäten. Der Accord stellt zwar nur eine bilaterale Übereinkunft der USA mit den ARTEMIS-Partnern dar, und ist somit kein völkerrechtlich bindendes Instrument. Dennoch ist er von enormer Bedeutung für die Zukunft, legt er doch die Richtung fest, wie sich die Unterzeichner in Bezug auf die Nutzung von Weltraum-Ressourcen künftig verhalten.

Für England unterschrieb Graham Turnock, der CEO der britischen Raumfahrtbehörde…

Dadurch, dass diese im Accord festgehaltenen Schlüsselprinzipien in diesem Programm zur angewendeten Praxis werden, haben sie automatisch einen signifikanten Einfluss auf jeglichen nachfolgenden Regulierungsrahmen für menschliches Handeln jenseits der Erde.

Bis zum Redaktionsschluss für dieses Buch haben sich achtzehn Länder dem ARTEMIS Accord angeschlossen: Australien, Bahrein, Brasilien, Großbritannien, Kanada, Israel, Italien, Japan, Luxemburg, Mexiko, Neuseeland, Polen, Rumänien, Südkorea, die Ukraine, die Vereinigten Arabischen Emirate und die USA.

All diese Partner sehen – anders als Deutschland – kein Problem darin, sich den darin festgelegten Regeln zu unterwerfen. Japan und Südkorea brennen darauf, sich in der Mondforschung zu engagieren. Luxemburg verfügt bereits über eine eigene nationale Gesetzgebung, die ausdrücklich „Space Mining“ unterstützt und fördert, und hat obendrein noch eine zusätzliche Zusammenarbeits-Vereinbarung auf diesem Gebiet mit den USA unterzeichnet. Die Vereinigten Arabischen Emirate, Bahrein, Brasilien, Rumänien, Israel und Australien versuchen seit Jahren ihre Zusammenarbeit mit der internationalen Raumfahrtindustrie auszubauen, und der ARTEMIS Accord bietet dafür eine perfekte Gelegenheit. England, Kanada, Italien und die Ukraine sind ganz pragmatisch am Ausbau ihrer bereits bestehenden bedeutenden Raumfahrt-Produktionskapazitäten interessiert und sehen den ARTEMIS Accord nicht als Hindernis, das es zu bekämpfen gilt, sondern eher als einen Baustein für das Wachstum ihrer Volkswirtschaften.

Der Inhalt des Accords ist im Übrigen sogar von den Nicht-Unterzeichnern weitgehend akzeptiert. Durchgängig findet sich darin die Referenz zum (immer noch) bestehenden Rechtsrahmen des Outer Space Treaty. Von daher erscheint der Accord absichtsvoll darauf ausgelegt, die Unterzeichner dahingehend zu beruhigen, dass es sich dabei nicht um Anweisungen einer Hegemonialmacht handelt, wie man sich zukünftig im Weltraum zu verhalten habe. Beruhigend wirkt auch, dass im Accord ein explizites Statement existiert, dass das zukünftige „Mining" von Weltraumressourcen im Einklang mit internationalem Recht abgewickelt wird.

Der Unwillen, das Dokument zu unterzeichnen fokussiert sich im Wesentlichen auf zwei Punkte. Der eine betrifft die künftige wirtschaftliche Nutzung des Weltraums, der zweite die Art und Weise, mit welcher der Accord zustande kommt.

Was den Nicht-Unterzeichnern vor allem aufstößt, ist die Gestaltung des Accords durch die USA außerhalb der „normalen" Kanäle internationalen Weltraumrechts. Weder ist das Büro der Vereinten Nationen für Weltraumfragen (UNOOSA) mit eingebunden, noch der UN-Ausschuss für die friedliche Nutzung des Weltraums (COPUOS).

Die Abwesenheit Chinas im Accord liegt im Verbot der Zusammenarbeit von US-Institutionen mit diesem Land begründet. Quasi ein Bann, den der US-Kongress über das Reich der Mitte verhängt hat. Dieses unsäglich unsinnige Verhalten wird den USA noch einmal schwer auf die Füße fallen, denn China entwickelt schon jetzt in beschleunigtem Tempo alle Kapazitäten, die notwendig sind, seinerseits zur Raumfahrt-Hegemonialmacht zu werden, und womöglich schon mittelfristig die USA zu überholen.

Die wenigen Stimmen, die sich in EU-Europa und hier insbesondere in Deutschland zum Accord äußern, lassen eine Sympathie für den alten Mondvertrag von 1979 erkennen und den vagen Wunsch, einen regulären multilateralen Vertrag verhandelt zu bekommen, der die Erforschung und Nutzung des Weltraums weitflächig und in tiefem Detail abdeckt. Generell ist aber weiterhin eher Desinteresse an der Sache zu vermelden.

Auch die Europäische Raumfahrtagentur ESA hat den Accord nicht unterzeichnet, obwohl sie am ARTEMIS-Vorhaben mit beteiligt ist. Das ist keine Überraschung. Die ambitionierte US-Deadline für die Durchführung des ARTEMIS-Programmes kollidiert mit den absehbar langdauernden Verhandlungen mit den 17 Mitgliedsstaaten über ein Dokument, das dann noch mit den USA verhandelt werden müsste und irgendwann, in voraussichtlich weit entfernter Zukunft, unterzeichnet werden könnte.

... und für die Vereinigten Arabischen Emirate signierte Sarah Al Amiri, die Staatssekretärin für Technologie und Vorsitzende der nationalen Raumfahrtbehörde.

Genau das ist auch eines der Hauptbedenken der US-Seite und mit ein Treiber der Schaffung des ARTEMIS Accord: Das Wissen, dass die europäischen Partner einfach nicht zu Potte kommen werden. Die Furcht vor der hingebungsvollen Liebe der EU und so mancher europäischer Nationalstaaten zu feinziseliertem Vertragswerk, das unendliche Verhandlungsrunden dreht, bis dann am Ende zwar Dokumente edelsten Standards produziert werden, die jedoch für den praktischen Gebrauch komplett wertlos sind.

Der ARTEMIS Accord – es mag einem gefallen oder nicht – ist ein revolutionäres Werk in der rechtlichen Behandlung der Nutzung des Weltraums. Die in der Raumfahrt aktiven Staaten und ihre institutionelle und private Raumfahrtindustrie stehen nun vor der Wahl: Die Chance zu verpassen, mit unter den ersten zu sein, welche die Ressourcen des Alls nutzen können, oder den Preis für den Einstieg ins Geschäft mit den Schätzen des Weltraums zu akzeptieren und den Accord zu unterschreiben.

Im Weltraum scheint immer die Sonne

In diesem Buch wurde schon einige Male festgestellt: Der Weltraum ist nicht mehr nur ein erdferner Ort exotischer Forschung, sondern wird zunehmend zum Wirtschaftsraum. Das gilt nicht nur für die längst etablierten Anwendungen wie Telekommunikation, Erdbeobachtung, Meteorologie oder wissenschaftliche Arbeit quer über alle Fachrichtungen. Es gilt auch für Zukunftsmärkte, die heute noch vielen wie Science Fiction erscheinen. Dazu gehört die Gewinnung von Ressourcen aus dem Weltraum und deren Weiterverarbeitung im Weltraum, sowie die Energieversorgung aus dem Erdorbit mittels Solarkraftwerken, die ihre erzeugte Energie mittels Mikrowellenstrahlung zur Erde senden.

Sonnenenergie aus dem Weltraum hat gegenüber terrestrisch gewonnener Solarenergie einen entscheidenden Vorteil. Sie steht 24 Stunden am Tag, sieben Tage die Woche und 365 Tage im Jahr kontinuierlich zur Verfügung. Sie kann bei jedem Wetter und zu jeder Tages- und Nachtzeit zur Erde übertragen werden.

China unternimmt bereits Tests mit Energieübertragung mittels Mikrowellen. Hier eine noch sehr einfache Versuchsanordnung für die Übertragung von einem Ballon zu einem Schiff.

Die Idee ist keineswegs neu. Science Fiction-Fans konnten schon vor 80 Jahren bei Isaac Asimov über dieses Thema lesen. Solarkraftwerke müssen praktischerweise im geostationären Orbit verortet sein, 36.000 Kilometer von der Erdoberfläche entfernt. Die große Erdentfernung spielt für die Energieübertragung keine sehr große Rolle, für die Installation dieser Anlagen allerdings schon.

Am Erdboden würde die vom Orbit abgestrahlte Energie mit Antennen aufgefangen. Eine Fläche von wenigen Quadratkilometern könnte mit enormen Energiemengen beliefert werden. Die gelieferte Energie ist in der Produktion vollständig CO_2-frei. Außer beim Bau der Raketen (die in Zukunft vielfach wiederverwendbar sein werden), der Fertigung der Solarzellenflächen und für die Produktion der Treibstoffe (Flüssiger Sauerstoff und Methan, Wasserstoff oder Kerosin) wird kein Treibhausgas erzeugt. Die darauf folgende jahrzehntelange Energieproduktion läuft emissionsfrei.

Bei den Konzepten, die bisher untersucht wurden, geht man davon aus, dass die aus dem Orbit empfangene Energiedichte in etwa der Sonneneinstrahlung eines wolkenlosen Tages entspricht. Das würde bedeuten, dass die Fläche unter den Energiekollektoren problemlos zugänglich und zusätzlich für andere Zwecke nutzbar ist, beispielsweise für die Landwirtschaft. Will man mit höheren Energiedichten arbeiten, um die Empfangsfläche kleiner zu halten, könnten Plattformen auf dem Meer errichtet werden oder aber kleine unbewohnte Inseln für diesen Zweck genutzt werden.

Energie „Made in Space“ könnte somit zu einem der wichtigsten zukünftigen Raumfahrtprodukte werden, gerade angesichts der zunehmenden Klimakrise. Sie könnte die nahezu CO_2-freie elektrische Grundlast liefern, die jedes hochindustrielle Gemeinwesen in Zukunft dringend benötigt.

Große Strukturen wie Solarkraftwerke in den Orbit zu schaffen, wäre noch vor 20 Jahren viel zu teuer gewesen. Eine NASA-Studie ging 1997 davon aus, dass der Transport eines Kilogramms Nutzlast in den Erdorbit nicht mehr als 400 Dollar kosten dürfte, damit ein orbitales Solarkraftwerk mit einem terrestrischen Kraftwerk gleicher Leistung konkurrieren könnte. Damals lagen die Startkosten bei mehr als 20.000 Dollar pro Kilogramm.

Doch seither ist es mit den Startkosten rapide nach unten gegangen, während gleichzeitig die Energiepreise ebenso rapide stiegen. Die Preise von SpaceX, dem aktuellen Marktführer für Raketenstarts, liegen mit wenigen tausend Dollar pro Kilogramm nicht mehr weit von der Zielmarke entfernt. Nach Indienststellung des Starships in wenigen Jahren werden diese Preise noch einmal drastisch sinken. Die vor 25 Jahren noch weit offene Lücke schließt sich also schon in diesen Tagen.

Es gibt noch manch andere Bezugsgröße, die man heute anders bewerten muss als früher. Beispielsweise die maximal mögliche Größe der Kollektorstrukturen im Weltraum. Hier ging man vor zehn Jahren noch von einer maximal erreichbaren Nettoleistung von etwa zwei Gigawatt pro Anlage aus (etwa 1,5 Standard-Kernkraftwerke). Ginge man darüber, so nahmen die Forscher seinerzeit an, wäre eine Anlage zu groß um noch sinnvoll beweglich zu sein. Das Gewicht wurde seinerzeit auf etwa 10.000 Tonnen pro Gigawatt veranschlagt. Hier hat sich in der Zwischenzeit viel getan. Heute würde man mittelgroße Strukturen bauen, aber die dafür in genau ausgetüftelter Formation fliegen lassen. Überdies machen Fortschritte in der Materialtechnik heute leichtere Strukturen möglich.

Werfen wir dazu einen Blick nach China. Die Entwicklung solarer Kraftwerke ist ein wesentlicher Punkt im gerade anlaufenden 14. chinesischen Fünfjahresplan. Dazu gehört auch die Förderung der begleitenden Technologien. Vor allem solcher, welche die Entwicklung extrem großer Leichtgewichtsstrukturen im Weltraum fördern. Diese Technologien werden

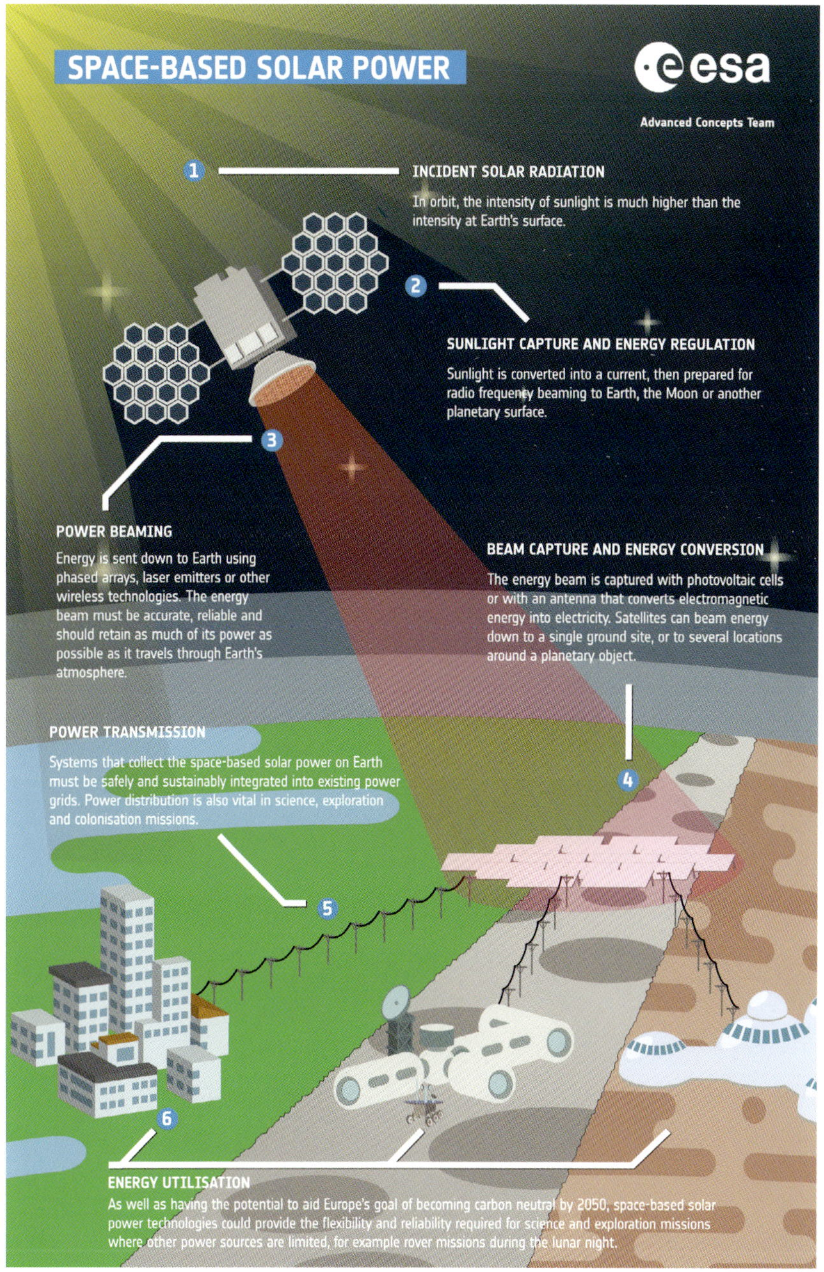

Diese Infografik stammt von der ESA und zeigt das Prinzip der Energieübertragung aus dem Weltraum.

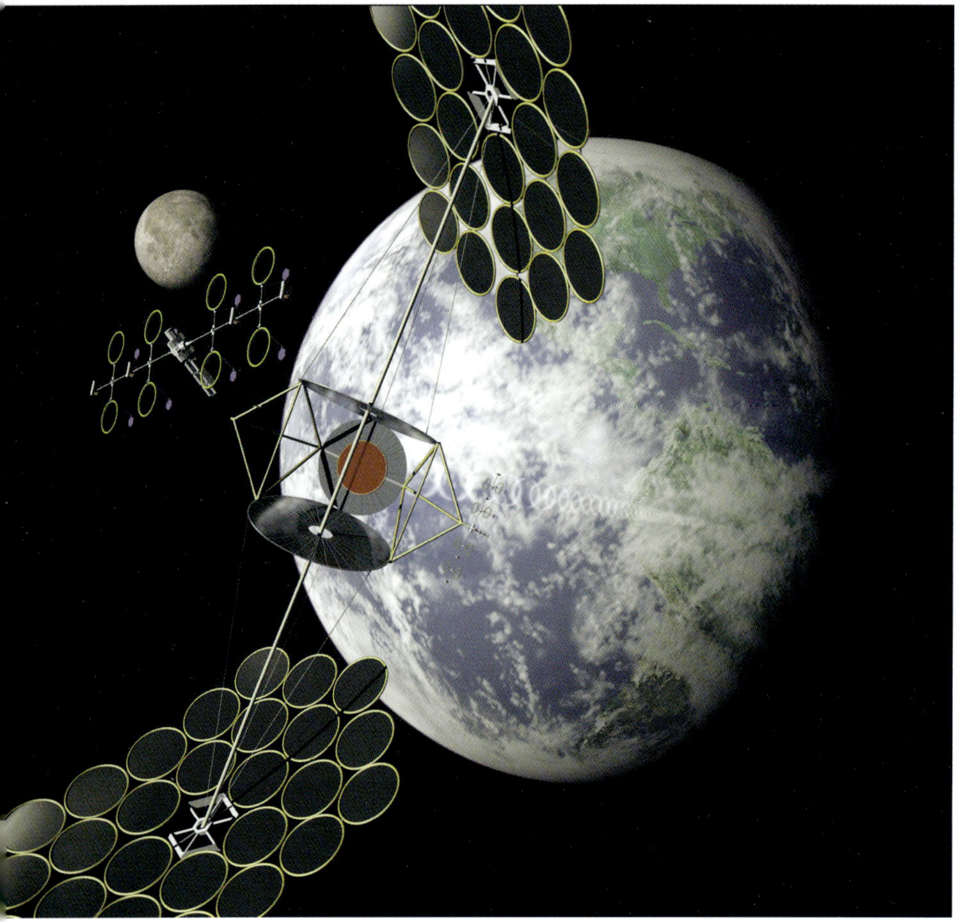

Und so sähe dann die entsprechende Anlage dazu im Weltraum aus (grafische Darstellung).

im Übrigen nicht nur für orbitale Solarkraftwerke benötigt, sondern auch für weitere Anwendungen im Weltraum: Für große Radioteleskope beispielsweise oder als Strukturelemente zukünftiger Raumstationen.

Voll im Gang ist in China auch die Erprobung der Basistechnologien, wie etwa die dafür notwendigen Bauverfahren, mit denen diese Großstrukturen im Weltraum zusammengesetzt werden können. Hier geht es zunächst um die Erforschung der Dynamik solcher Strukturen in der Schwerelosigkeit.

Im August 2021 fanden in China auch erste Tests statt, bei der die Energieübertragung mittels Mikrowellen von einem Ballon zu einem Schiff erprobt wurde. Die Distanz betrug dabei nur etwa 300 Meter. Die nächste Versuchsanordnung wird Energie über eine Entfernung von 20 Kilometern senden. Im Schritt danach beginnen etwa ab 2024 die ersten Orbit-Verifikationen. Nicht lange nach 2030 sollen bereits orbitale chinesische Testanlagen im Megawatt-Bereich in den Versuchsbetrieb gehen. Auch eine Erprobungsvorrichtung für eine terrestrische Empfangsanlage existiert bereits.

Auch die dazu notwendigen Großraketen werden in China bereits entwickelt, denn die Strukturen, die man dazu benötigt, werden massiv sein. Für ein Zwei-Gigawatt-Kraftwerk müssen auch mit heutiger Technologie zwischen siebentausend und zehntausend Tonnen Material in den geostationären Orbit verbracht werden um dort eine Kollektorfläche von etwa 15 Quadratkilometern inklusive der Sendeanlagen aufzubauen. Somit wird aller Voraussicht nach China als erste Nation über orbitale Sonnenkraftwerke verfügen.

Neben China arbeiten auch die USA, Australien, Großbritannien, Indien und Südkorea an der Lösung der technischen Probleme für die Realisierung von Solarkraftwerken. In Japan gilt es sogar als nationales Ziel und ist im Programm der nationalen Raumfahrtagentur JAXA festgeschrieben. In den USA wurden bereits mit Hilfe des unbemannten militärischen X-37B Minishuttles Versuche mit Entfaltstrukturen unternommen.

In EU-Europa ist man bedauerlicherweise auch nicht ansatzweise so weit. Hier ist, neben Desinteresse, das übliche Zuständigkeitsgeschacher ein Grund dafür, dass nichts oder nur sehr wenig geschieht. Nationale Raumfahrtagenturen, aber auch die ESA, weisen die Zuständigkeit von sich. Sie sehen ein solches Kraftwerk nicht als klassisches Projekt für eine Raumfahrtagentur. Vielmehr betrachten sie hier die Energieunternehmen in der Pflicht. Die wiederum sehen es genau anders herum.

Kaum jemand will auf dem Alten Kontinent erkennen, dass dieses Thema längst nichts mehr mit Science Fiction zu tun hat, sondern eines der großen Themen der privaten Raumfahrt in der Zukunft sein wird. Ein Thema, für das jetzt die Weichen gestellt werden müssen. Das jetzt gefördert werden muss, damit die Industrie zukünftig für diese Herausforderung der Zukunft gut aufgestellt ist.

Die einzige Aktivität der ESA in der letzten Zeit, die darauf hinweist, dass dieses Thema in Europa überhaupt wahrgenommen wird, war ein virtueller Workshop, der im Dezember 2021 stattfand und zwei halbe Tage dauerte. Während Europa also erst für irgendwann die Ausarbeitung erster Machbarkeitsstudien plant, wird andernorts längst die notwendige Praxis erprobt. Immerhin: Für diesen Workshop ist eine sehr gute Prinzipdarstellung der Funktionsweise eines Solarkraftwerks geschaffen worden, die wir auf Seite 135 zeigen (auch wenn der Text in Englisch ist).

Zumindest bei den ersten Demonstrationsmodellen wird man Kraftwerkskomponenten auf der Erde herstellen und mit großen Trägerraketen in den Orbit befördern. Doch nicht lange danach kann man auch den nächsten konsequenten Schritt gehen: Die Auslagerung von Rohstoffgewinnung und der Fertigung in den Weltraum. Dieser Schritt würde die CO_2-Bilanz orbitaler Solarkraftwerke weiter verbessern.

► Die Zukunft liegt in der Nutzung der Ressourcen des Weltalls. Bleiben wir dafür am besten gleich bei den orbitalen Solarkraftwerken, denn sie könnten eines der ersten Anwendungsgebiete dafür darstellen.

So wäre die Verwendung von lunarem Baumaterial denkbar. Vom Mond aus ist eine geostationäre Umlaufbahn mit weitaus weniger Energieaufwand zu erreichen als von der Erde. Der Mond hat keine Atmosphäre, so dass Komponenten nicht einmal aerodynamisch verpackt werden müssen. Allerdings müsste man dafür zunächst eine Transportinfrastruktur auf dem Mond erstellen. Die muss allerdings nicht auf Raketen basieren, es könnten genauso gut Linearbeschleuniger sein, welche Materialpakete in Richtung Erde senden.

Auch die Treibstoffproduktion auf dem Mond wäre möglich. Eisvorkommen für die Gewinnung von Wasserstoff und Sauerstoff sind bereits nachgewiesen. Auch Methan könnte unter Einsatz von Mondmaterial synthetisch dort hergestellt werden. Derlei in-situ-Ressourcengewinnung und -aufbereitung, also Gewinnung und Verarbeitung des Materials vor Ort, ist im Übrigen erneut ein Gebiet, auf dem China ganz vorne mit dabei ist. Das Land will bereits in wenigen Jahren mit einer unbemannten Sonde auf dem Mond erste Experimente in dieser Richtung durchführen.

Noch geringer wird der Energiebedarf, der dafür notwendig ist, Material von Weltraumressourcen zur Erde zu bringen, wenn es gelingt, erdnahe Asteroiden auszubeuten. Materialien, wie zum Beispiel Metalle und Kohlenstoffverbindungen, könnten dort konzentrierter oder leichter zugänglich sein als auf dem Mond. In der Asteroidenerkundung ist die japanische Raumfahrtagentur JAXA führend, aber auch die Chinesen wollen schon 2024 einen Asteroiden besuchen und Bodenproben entnehmen.

Und dann wäre es als finaler Schritt natürlich gut, wenn diese im Weltraum gewonnenen Materialien auch gleich im Weltraum verarbeitet werden. Mit Hilfe der im Weltraum ge-

Diese Konzeptdarstellung der NASA stammt aus dem Jahre 1976. Die Idee der Energieübertragung aus dem Weltraum ist also keineswegs neu (grafische Darstellung).

Auch so könnte ein Solarkraftwerk im Weltraum aussehen (grafische Darstellung).

wonnenen Energie. Die Herstellung beispielsweise der Strukturteile der Solarkraftanlage aus Asteroiden- oder Mondmaterial mittels 3D-Druck wäre hier die Devise. Verwendet man Material von den Asteroiden, dann bräuchte man sich auch über ihr Gewicht keine Gedanken mehr zu machen.

Natürlich müssten aber auch dann zumindest anfangs noch Spezialbaustoffe, Maschinen, Versorgungsgüter und ähnliches von der Erde angeliefert werde. Aber eben nur noch das, und nicht auch noch das gesamte Grundmaterial. Auch hier sind erneut die Chinesen führend, und haben bereits im Mai 2020 bei der Erprobung eines neuen bemannten Raumschifftyps mit Fertigungsverfahren im Weltraum experimentiert.

Neben diesem Beispiel mit der Schaffung orbitaler Solarkraftwerke ist aber „Made in Space" auch auf vielen anderen Gebieten wünschenswert. Die Gründe, warum es gerade im Weltraum und nicht auf der Erde geschehen soll, sind vielfältig. Hier nur einige Beispiele:

Fertigungsprozesse auf der Erde sind häufig umweltbelastend. Man könnte die Fertigung in den Weltraum verlegen und nur noch die fertigen Produkte zur Erde transportieren. Man kann die Rohmaterialien vom Mond oder den Asteroiden in eine Erdumlaufbahn bringen und dort verarbeiten. Das schont die Ressourcen der Erde und die terrestrische Umwelt.

Dann sind die Effekte der Mikrogravitation und das Supervakuum des Alls ideal für bestimmte wissenschaftliche und produktionstechnische Verfahren. Man kann hier Stoffe herstellen (beispielsweise Proteinkristalle), die auf der Erde unter Schwerkraftbedingungen nicht zu produzieren sind. Verbundmetalle könnten produziert werden, die sich auf der Erde nicht mischen lassen, Sedimentationsprozesse in der Fertigung könnten vermieden werden und die Konvektion von Flüssigkeiten und Gasen könnte kontrolliert werden.

Das ultrareine Vakuum des Weltraums erlaubt die Herstellung sehr reiner Materialien. Es ist dort viel leichter, defektfreie Materialien und Stoffe zu schaffen.

In der Schwerelosigkeit können nur mit Hilfe der Oberflächenspannung absolut exakte Kugeln hergestellt werden, da keine verformende Schwerkraft auf sie einwirkt.

Wir könnten Raumschiffe aus in-situ gewonnenem Material bauen. Zunächst zumindest die Strukturteile. Dies könnte die Kosten von Weltraummissionen senken, wenn nicht alle erforderlichen Ressourcen von der Erde her stammen.

Hoch wertvolle Materialien könnten entweder in den Erdorbit für die Weiterverarbeitung oder aber zur Nutzung auf die Erde gebracht werden. Zum Beispiel das oft zitierte Helium 3, aber auch einfach Nickel, Eisen, Aluminium, Titan und andere Stoffe.

Der Weltraum stellt uns das direkte Nebeneinander von großer Hitze und extremer Kälte zur Verfügung. Sonnenlicht kann fokussiert und konzentriert werden um Materialien zu schmelzen und Objekte könnten im „ewigen“ Schatten bei Temperaturen nahe dem absoluten Nullpunkt gehalten werden. Dieses Temperaturgefälle kann dazu verwendet werden, beispielsweise starke Glasmaterialien herzustellen.

Für Wirtschaft, Industrie und Forschung öffnen sich ganz neue Dimensionen, wenn wir Teile der Produktion in den Weltraum verlegen. Viele Anwendungen werden überhaupt erst dann auf dem Plan erscheinen, wenn diese Möglichkeiten zur Verfügung stehen. Es ist sicher nicht zu viel versprochen: Der Weltraum ist der Industriestandort der Zukunft.

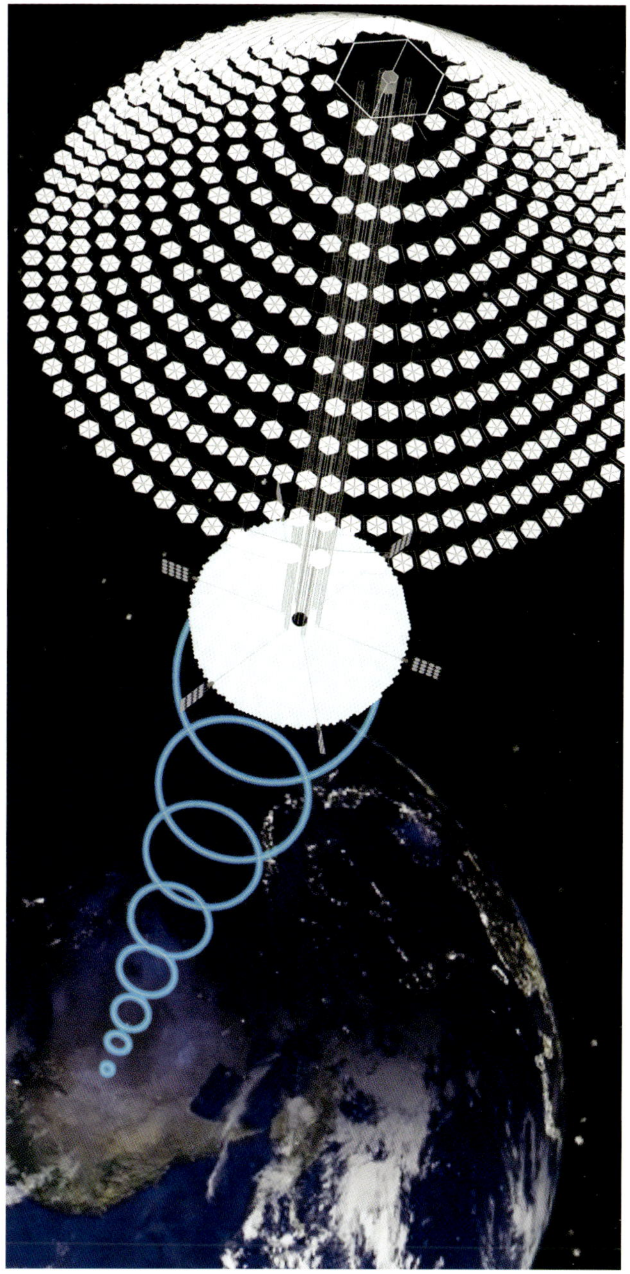

Diese Grafik ist eine Mischung aus Vision und anschaulicher Prinzipdarstellung.

Die Träume von Elon, Jeff und Peter

Landung eines Starship an der Mondbasis. Ein Szenario für das Jahr 2050 oder danach (grafische Darstellung).

Der Weltraum ist schon längst nicht mehr eine erdferne Region exotischer, staatlich finanzierter Grundlagenforschung ohne praktischen Nutzen. Er ist schon heute zunehmend mehr Menschen zugänglich als nur den wenigen „Auserwählten", die von nationalen und internationalen Raumfahrtagenturen zu Astronauten ausgebildet wurden. Er wird zum Erlebnisraum für Privatpersonen und wichtiger noch, er wird zum Wirtschafts- und Forschungsraum privater Unternehmer, Entdecker und Abenteurer. Personen wie Elon Musk, Jeff Bezos, Peter Beck, Jared Isaacman und anderen.

Die Nutzung des Weltraums nimmt stetig zu. Längst gilt das nicht nur für die etablierten Anwendungen wie Telekommunikation, Erdbeobachtung, Meteorologie, Navigation, militärische Überwachung oder wissenschaftliche Arbeit quer über alle Fachrichtungen. Es gilt auch für Zukunftsmärkte, die heute noch manchem exotisch und kurios erscheinen.

Werfen wir zum Schluss einen Blick in die Zukunft. Nicht sehr weit, nur bis 2050. Und zeichnen wir dieses Bild unter Einbeziehung der Trends und Entwicklungen, die wir in den zurückliegenden Kapiteln beschrieben haben. Sind die Träume von Elon Musk von der interplanetaren Spezies schon Realität? Gibt es schon die großen Habitate im Orbit und im cislunaren Raum, wie sie Jeff Bezos erwartet? Ist der preiswerte Raumtransport so weit gediehen, wie es sich Peter Beck erträumt? Warten weitere Rekorde und Abenteuer, wie es Jared Isaacman im wahrsten Sinne des Wortes „vorschwebt"?

Nehmen wir an, alles läuft halbwegs linear so weiter, wie es sich Anfang des Jahres 2022 abzeichnet. Dann könnte das Bild etwa so aussehen:

Private und institutionelle Raumfahrt sind tief miteinander verwoben. Die eine kann nicht ohne die andere. Der private Sektor wird aber bei weitem überwiegen und Umsätze von deutlich über einer Billiarde Euro pro Jahr generieren. Kein Fehler. Das ist die Zahl mit den zwölf Nullen.

Neben den neuen Produkten, die im Weltraum entstehen und wie wir sie in Kapitel 19 beschrieben haben, gibt es 2050 auch schon ausgereifte Planungen, ganze Industriezweige, die auf der Erde einen negativen Umwelteinfluss ausüben, in den Weltraum zu verlegen. Dort entstehen auch neue Produkte, deren Fertigung auf der Erde gar nicht möglich wäre.

Sonnenenergie wird bereits in wirtschaftlich relevantem Maßstab als Mikrowellenstrahlung zur Erde gesendet. In Verbund mit terrestrischen Fusionskraftwerken und erneuerbaren Energien durch Wind- und Wasserkraft ist die Energieerzeugung 2050 nahezu CO_2-neutral.

Der erdnahe Weltraum bis in eine Höhe von 1.200 Kilometern ist reguliert, um die Schwärme von Konstellationen für Telekommunikation, Erdbeobachtung und andere Zwecke aufzunehmen, deren Entstehung schon in den frühen 2020er-Jahren begann. Die Beseitigung von orbitalem Müll ist für einige Unternehmen zu einem lukrativen Geschäftsfeld geworden.

Vollständig wiederverwendbare Trägerraketen sind 2050 die Regel. Nur noch bei seltenen, superteuren Wissenschaftsmissionen, bei denen die gesamte Startkapazität eines Trägers ausgereizt werden muss, um große Lasten zu befördern oder hohe Geschwindigkeiten zu erzielen, gibt es noch den „Wegwerfmodus".

Am Landeplatz der Mondkolonie (grafische Darstellung).

Entladung von Fracht auf dem Mond (grafische Darstellung).

Der immer noch bestimmende Träger der frühen 50er-Jahre wird das Starship von SpaceX sein. Es existiert nun in verschiedenen Entwicklungslinien: Als Frachter und Personenschiff für Transporte in die Erdumlaufbahn und um Waren von dort zur Erde zurück zu bringen. Als Forschungsraumschiff für Mond, Mars und Asteroiden. Als Zubringer und „Postschiff" für die diversen Raumstationen und als Deep Space-Forschungsschiff zu Venus, in den Asteroidengürtel und darüber hinaus. Und nicht zu vergessen, das Starship wird auch als „Kreuzfahrtschiff" für Privatastronauten eingesetzt.

Es wird eine ganze Reihe kommerzieller Raumstationen im Erdorbit, in der Mondumlaufbahn und auf dem Mond selbst geben, etwa acht bis zehn davon in unterschiedlichen Größen. Es dürften 2050 etwa 150 – 200 Menschen dauerhaft, das heißt ein halbes Jahr oder mehr, auf einer dieser Außenbasen leben. Zum Vergleich: Heute, im Jahre 2022, sind es im Durchschnitt 10. Auf den beiden Mondstationen alleine leben permanent 15 – 20 Menschen unterstützt von humanoiden Robotern.

Die beiden Mondstationen, eine westliche und eine chinesische, sind fast in Sichtweite voneinander am Rand des

Kraters Shackleton am Südpol des Mondes entstanden. Das lunare Gateway ist zur großen bemannten Wissenschaftsplattform ausgebaut und dient als Abflugpunkt zu Wartungsmissionen für die teuren wissenschaftlichen Sonden, die sich an den Lagrange-Punkten des Erde-Sonne-Systems befinden, als astronomisches Forschungszentrum und als Relayposten für Missionen auf der Mondrückseite.

Die In-situ-Ressourcengewinnung auf Mond, Mars und einigen erdnahen Asteroiden hat ihr Experimentalstadium hinter sich gelassen. Das Baumaterial für die Stationen auf Mond und Mars wird bereits direkt vor Ort erzeugt. Vor allem mit Hilfe von Robotern und 3D-Druckern. Das Helium 3-Mining auf dem Mond befindet sich in einem Versuchsstadium. Bald werden an einigen erdnahen Nickel-Eisen-Asteroiden Solarmodule für die großen Sonnenkraftwerke gefertigt, die dann zur Erdumlaufbahn verbracht werden.

Die nationalen und internationalen Raumfahrtorganisationen sind weiterhin die Speerspitze der Forschung und Entwicklung. Neben ihrem Forschungsauftrag zur Erkundung ferner Welten ist es ihre Aufgabe, das Feld vorzubereiten, auf dem die weitere Erschließung des Weltraums durch private Unternehmen und Einzelpersonen möglich ist.

Eine Phantasie? Gewiss. Natürlich steht noch in den Sternen, ob es sie geben wird, diese schöne neue Raumfahrtwelt. Machen wir uns also auf zur Reise in die Zukunft und lassen uns überraschen.

Zu neuen Abenteuern. Ein Starship passiert den Saturn (grafische Darstellung).